第一級陸上特殊無線技士

無 線 工 学

一般財団法人　情報通信振興会　発　行

は じ め に

　本書は、電波法第41条第2項第2号に基づく無線従事者規則第21条第1項第10号の規定により標準教科書として告示された無線従事者の養成課程用教科書です。

　本書は、第一級陸上特殊無線技士用無線工学の教科書であって、総務省が定める無線従事者養成課程の実施要領（郵政省告示平成5年第553号、最終改正令和5年第3月2日）に基づく内容（項目と程度）により編集したものです。

目　次

第 1 章　電波の性質

1.1　電波の発生

　アンテナに高周波電流（周波数が非常に高い電流）を流すと電波が空間に放射される。電波は波動であり電磁波とも呼ばれ、第1.1図に示すように互いに直交する電界成分と磁界成分から成り、アンテナから放射されると光と同じ速度で空間を伝わる。この放射された電波は、非常に複雑に伝搬し減衰する。

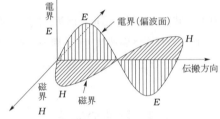

第1.1図　電波（電磁波）

　ヘルツダイポールアンテナ（微小ダイポールアンテナ）から放射される電波の電界が全空間を伝わる様子を第1.2図に示す。

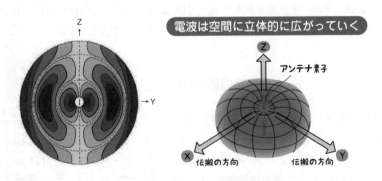

第1.2図　電波が空間に伝わる様子
（出典）身近な電波の科学　一般社団法人電波産業会

メ　モ

1.2　基本性質

　電波を情報伝達手段として利用するのが無線通信や放送であり、電波には次に示す基本的な性質がある。

① 　電波は波であり、発射点より広がって伝わり、徐々に減衰する。

② 　電波は横波であり、互いに直交する電界と磁界を持ち、同位相で進む。

③ 　電波が真空中を伝わる速度は、真空中の誘電率を ε_0、真空中の透磁率を μ_0 とすると $1/\sqrt{\varepsilon_0 \mu_0} \fallingdotseq 3 \times 10^8$ 〔m/s〕$= c$ で光速と同じであるが、誘電率 ε と透磁率 μ が真空中と異なる媒質中では、真空中より小さな値となる。

④ 　電波には、直進、減衰、反射、屈折、回折、散乱、透過などの基本的な作用があり、それらの程度は周波数（1秒間の振動数）や伝搬環境（市街地、郊外、海上、上空など）によって異なる。

1.3　電波の偏波

　電波の電界の方向を偏波と呼び大地に対して水平なものが水平偏波、垂直なものが垂直偏波である。水平偏波と垂直偏波は、直交関係にあり相互に干渉しない。また、偏波面が回転するのが円偏波であり、右回転を右旋円偏波、左回転を左旋円偏波と呼び、直交関係にあり相互に干渉しない。

1.4　真空の固有インピーダンス

　電波の電界と磁界は、電波の伝搬を妨げるものがない真空中や空気中では、互いに直交し同位相で進む。この電界 E 〔V/m〕と磁界 H 〔A/m〕の比は、真空の固有インピーダンス（自由空間の特性インピーダンス）と呼ばれ、真空の誘電率を ε_0、真空の透磁率を μ_0 とすると、抵抗の次元を持ち次式で示される。

$$\frac{E}{H} = \sqrt{\frac{\mu_0}{\varepsilon_0}} = 120\pi \fallingdotseq 377 \ [\Omega]$$

1.5　電波により運ばれるエネルギー

電波の電界エネルギー密度 W_E と磁界エネルギー密度 W_H は、

$$W_E = \frac{1}{2}\varepsilon_0 E^2 \qquad W_H = \frac{1}{2}\mu_0 H^2$$

で示され、$W_E = W_H$ である。

電磁波が単位面積を単位時間に通過する電磁エネルギー S は、電波の速度を c として次式で表され、電力密度または電力束密度と呼ぶ。

$$S = (W_E + W_H) \times c = \left(\frac{1}{2}\varepsilon_0 E^2 + \frac{1}{2}\mu_0 H^2\right) \times \frac{1}{\sqrt{\varepsilon_0 \mu_0}} = \boldsymbol{E} \times \boldsymbol{H} \ [\mathrm{W/\mathrm{m}^2}]$$

電磁エネルギーは、方向を持った電界と磁界によって表されるエネルギー流であり、電界 $\boldsymbol{E}$ と磁界 $\boldsymbol{H}$ のベクトル積（外積）で定義され、これをポインティングベクトルという。

1.6　波長と周波数

第1.3図に示すように電波を正弦波形で表したとき、その山と山または谷と谷の間の長さを波長と呼び、1秒間の波の数（振動数）を周波数という。無線工学では、電波の速度を c 〔m/s〕、周波数を f 〔Hz〕、波長をギリシャ

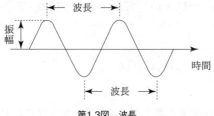

第1.3図　波長

文字のラムダ λ 〔m〕で表す。

　周波数の補助単位を第1.1表に示す。

第1.1表　周波数の補助単位

1〔kHz〕	（キロヘルツ）	＝	1,000〔Hz〕	1×10^3 〔Hz〕
1〔MHz〕	（メガヘルツ）	＝	1,000〔kHz〕	1×10^6 〔Hz〕
1〔GHz〕	（ギガヘルツ）	＝	1,000〔MHz〕	1×10^9 〔Hz〕
1〔THz〕	（テラヘルツ）	＝	1,000〔GHz〕	1×10^{12} 〔Hz〕

　波長 λ 〔m〕は、次の式で求められる。

$$\lambda \,〔\mathrm{m}〕 = \frac{電波の速度}{周波数} = \frac{c \,〔\mathrm{m/s}〕}{f \,〔\mathrm{Hz}〕}$$

$$= \frac{3 \times 10^8 \,〔\mathrm{m/s}〕}{f \,〔\mathrm{Hz}〕} = \frac{300{,}000{,}000 \,〔\mathrm{m/s}〕}{f \,〔\mathrm{Hz}〕}$$

　ここで、防災行政無線の「市町村デジタル同報通信システム」で用いられている 60〔MHz〕の波長を求める。

　はじめに、周波数の単位を〔MHz〕から〔Hz〕に変える。

　　60〔MHz〕＝60×10^6〔Hz〕＝ 60,000,000〔Hz〕

よって波長 λ は、

$$\lambda = \frac{3 \times 10^8}{60 \times 10^6} = \frac{300{,}000{,}000}{60{,}000{,}000} = 5 \,〔\mathrm{m}〕$$

として求められる。

　さらに、波長と周波数の関係を確認するため、地上デジタルテレビ放送で用いられている 600〔MHz〕の波長を求める。

　　600〔MHz〕＝600×10^6〔Hz〕＝600,000,000〔Hz〕

よって波長 λ は、

$$\lambda = \frac{3 \times 10^8}{600 \times 10^6} = \frac{300{,}000{,}000}{600{,}000{,}000} = 0.5 \,〔\mathrm{m}〕$$

として求められる。

　これによって、**周波数が高くなると波長が短くなることが分かる**（周波数

ヘルツ：Heinrich Rudolf Hertz（1857〜1894、ドイツの物理学者）

と波長は反比例の関係)。なお、波長はアンテナの長さ（大きさ）を決める
重要な要素の一つである。

【参考】

第1.2表　単位の10^nの接頭語

記号	名称	量	記号	名称	量
T	テラ	10^{12}	d	デシ	10^{-1}
G	ギガ	10^9	c	センチ	10^{-2}
M	メガ	10^6	m	ミリ	10^{-3}
k	キロ	10^3	μ	マイクロ	10^{-6}
h	ヘクト	10^2	n	ナノ	10^{-9}
da	デカ	10^1	p	ピコ	10^{-12}

1.7　電波の分類と利用状況

電波は、波長または周波数で区分されることが多い。この区分と電波の利用状況の一例を第1.3表に示す。

第1.3表　電波の分類（周波数帯別の代表的な用途）

周　波　数	波　　長	名　　称	各周波数帯ごとの代表的な用途
3〔kHz〕	100〔km〕	V L F 超　長　波	
30〔kHz〕	10〔km〕	L　　F 長　　波	航空機用ビーコン 標準電波
300〔kHz〕	1〔km〕	M　　F 中　　波	中波放送（AMラジオ） 船舶・航空通信
3,000〔kHz〕 3〔MHz〕	100〔m〕	H　　F 短　　波	船舶・航空通信 アマチュア無線、短波放送
30〔MHz〕	10〔m〕	V H F 超　短　波	FM放送、防災、消防、鉄道 航空管制通信、簡易無線 アマチュア無線
300〔MHz〕	1〔m〕	U H F 極超短波	TV放送、携帯電話 防災行政無線、警察無線 移動体衛星通信、MCAシステム タクシー無線、簡易無線 レーダー、アマチュア無線 無線LAN（2.4GHz帯） コードレス電話、電子タグ ISM機器
3,000〔MHz〕 3〔GHz〕	10〔cm〕	S H F マイクロ波	携帯電話、ローカル5G 衛星通信、衛星放送、固定間通信 放送番組中継、レーダー 電波天文・宇宙研究 無線LAN（5/6GHz帯） 無線アクセスシステム ETC、ISM機器
30〔GHz〕	1〔cm〕	E H F ミリメートル波 （ミリ波）	衛星通信、各種レーダー 簡易無線、電波天文
300〔GHz〕	1〔mm〕	サブミリ波	電波天文
3,000〔GHz〕	0.1〔mm〕		

第2章　電気磁気

2.1　電界の基本法則

2.1.1　静電誘導（electrostatic induction）

　物質は電気的には中性であるが、ガラス棒を第2.1図のように絹布で摩擦すると「帯電列（摩擦電気の順位）」の上位であるガラス棒には正の電荷（正電荷）、下位の絹布には負の電荷（負電荷）が生じる。これは摩擦によってガラス棒の中の電子が絹布に移動し、絹布が負電荷をもち、ガラス棒の中では正電荷が余分になって、ガラス棒が正電荷をもつようになる。このような現象を帯電現象という。同種の電荷は互いに反発し、異種の電荷は互いに吸引するという性質がある。これらの電荷は十分絶縁されていれば物体に付いていつまでも静止しているので静電気という。物質がもっている電気の量を電荷といい、単位は、クーロン*（単位記号C）で表す。

　第2.2図に示すように、絶縁された中性の導体棒Aに正の電荷をもったガラス棒Bを近付けると、A導体の中の自由電子はBの正電荷に引き寄せられ導体棒Aには、ガラス棒Bに近い方に負の電荷が、遠い方には正の電荷が現れる。この現象を静電誘導という。A導体に電荷を与えたわけではないから、

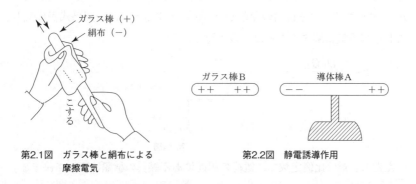

第2.1図　ガラス棒と絹布による摩擦電気　　　第2.2図　静電誘導作用

メモ

*クーロン：Charles Augustin Coulomb（1736〜1806、フランスの電気・土木工学者）

8

ガラス棒Bを遠ざければ、導体棒Aに現れた正と負の電荷は引き合って中和する。

また、第2.3図に示すように、正の電荷をもった導体球Aを中空導体Bで包むと中空導体Bの内面には負の、また、外側には正の電荷が現れるが、中空導体Bを接地すると正の電荷は大地に移り、外面の電荷はなくなる。そこに帯電していない導体球Cを近付けても静電誘導作用は生じない。このように、2個の導体の間に接地した導体を置き、静電誘導作用を起こさないようにすることを静電遮へい（シールド（static shield））という。

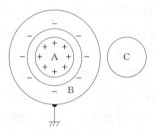

第2.3図　静電遮へい

2.1.2　静電界

電荷や帯電体の周りで電気の作用が及ぶ空間を電界（electric field）といい、特に電荷が静止している場合の電界を静電界という。第2.4図に示すように、静止している二つの点電荷 Q_1〔C〕、Q_2〔C〕の間に作用する力（静電力）F の大きさは、両電荷間の距離を r〔m〕とすると、次の関係式が成立し、これを静電気に関するクーロンの法則という。

$$F = k\frac{Q_1 Q_2}{r^2}\ \text{〔N〕}$$

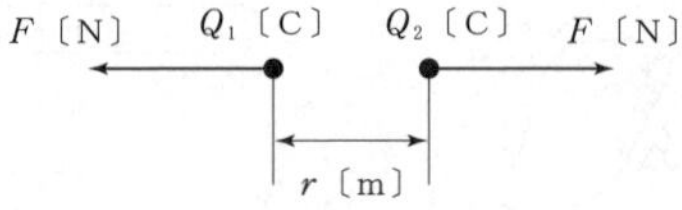

第2.4図

ただし、k は比例定数で、電荷の周囲にある媒質の種類によって決まる。

　電荷 Q_1〔C〕、Q_2〔C〕が異種の場合は F が負で吸引力が、同種の場合は F が正で反発力が働く。

　また、電界内に単位電荷（+1〔C〕）を置いたとき、これに作用する力をその点の電界の強さと定義し、電界の強さの量記号は E、単位はボルト毎メートルで、単位記号は〔V/m〕で表す。

　この電界の分布状態を表すため仮想した曲線を電気力線といい、次に挙げるような性質がある。なお、その例を第2.5図に示す。

① 　正電荷から出て負電荷で終わる。

② 　常に縮まろうとし、また、隣り合う電気力線どうしは反発する。

③ 　電気力線どうしは交わらず、途中で消えることがない。

④ 　電界の方向は電気力線の接線方向である。

⑤ 　等電位面(電界中で電位の等しい点を連ねてできる面)と垂直に交わる。

⑥ 　電気力線の密度がその点の電界の強さを表す。

⑦ 　電気力線は導体の面に直角になる。

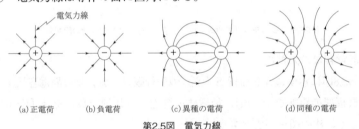

(a)正電荷　　　(b)負電荷　　　(c)異種の電荷　　　(d)同種の電荷

第2.5図　電気力線

2.1.3　静電容量とコンデンサ

(1)　静電容量（electrostatic capacity）

　第2.6図に示すように導体板A、Bを平行に向かい合わせ、これに電池を接続して電圧を加えると、自由電子が移動し、導体板Aには正の電荷が、また導体板Bには負の電荷が現れる。電位差 V が電池の電圧と等しくなった（電流が流れなくなった）ときに、電池を取り去った後も、導体板には電荷が蓄えられている。この蓄えられた電荷を Q〔C〕、生じた電位差を

V〔V〕、比例定数を C とすると、

$$Q=CV〔C〕$$

の関係が成立する。C が大きいほど同一電圧に対し蓄える電荷が多くなるので、C は電荷を蓄える能力を表す。この C を静電容量の量記号とし、単位はファラド*で単位記号は〔F〕で表す。100万分の1をマイクロファラド〔μF〕、マイクロファラドの100万分の1をピコファラド〔pF〕といい、補助単位として用いる。この電荷を蓄える装置をコンデンサといい、その図記号を第2.7図に示す。

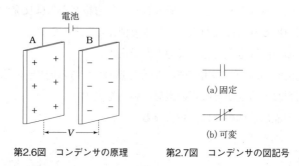

第2.6図　コンデンサの原理　　　第2.7図　コンデンサの図記号

(2)　**静電容量の大きさ**

第2.8図に示すような面積 S〔m²〕の平行板コンデンサの静電容量 C は、金属板間の距離を d〔m〕、誘電体の誘電率（比例定数）を ε〔F/m〕とすると、次の関係が成立する。

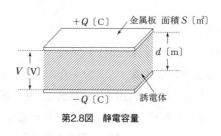

第2.8図　静電容量

$$C=\frac{\varepsilon S}{d}〔F〕$$

---

*ファラデー：Michael Faraday（1791〜1867、イギリスの物理・化学者）に由来

つまり、コンデンサの静電容量の大きさは上式から分かるように

①　対向面積 S を大きくするほど大きくなる。

②　金属板間の間隔 d を狭くするほど大きくなる。

③　金属板間の誘電体の誘電率 ε が大きいほど大きくなる。

(3)　コンデンサの接続

　　いくつかのコンデンサをつなぎ合わせると、これが一つのコンデンサと同等に作用し、全体としての静電容量を合成静電容量という。

①　並列接続：第2.9図(a)のように接続する方法を並列接続という。各コンデンサの静電容量をそれぞれ C_1〔F〕、C_2〔F〕、C_3〔F〕とすれば、a－b間の合成静電容量 C_0〔F〕は次のようになる。

　　$C_0 = C_1 + C_2 + C_3$〔F〕

②　直列接続：同図(b)のように接続する方法を直列接続という。各コンデンサの静電容量をそれぞれ C_1〔F〕、C_2〔F〕、C_3〔F〕とすれば、a－b間の合成静電容量 C_0〔F〕は次のようになる。

$$C_0 = \cfrac{1}{\cfrac{1}{C_1} + \cfrac{1}{C_2} + \cfrac{1}{C_3}} \text{〔F〕}$$

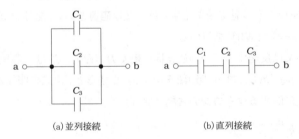

(a) 並列接続　　　　　(b) 直列接続

第2.9図　コンデンサの接続

2.2　磁界の基本法則

2.2.1　磁石（magnet）

　天然に産出する磁鉄鉱は鉄片を引き付ける性質を有し、また、鉄、ニッケル及びコバルト（強磁性体という。）などは人工的に鉄片を引き付ける性質を持たせることができる。この性質を磁性といい、磁性の原因となるものを磁気、また、磁性を持った物体を磁石という。棒磁石の場合には、その両端の最も強く磁性が現れる部分を磁極、また、両磁極を結ぶ線を磁軸という。

　磁石には次のような性質がある。

①　磁石の磁軸を水平にして自由に回転できるようにすると、磁軸は地球の南北の方向を指して静止する。この場合、北を指す磁極をN極又は正極、南を指す磁極をS極又は負極という。

②　異極どうしは吸引し合い、同極どうしは反発する。

③　磁石では静電気における電荷に相当するものを磁荷といい、その量を磁極の強さという。

　また、二つの磁極にある磁荷の総和は零で、かつ、電荷のように正と負の単独の磁荷は存在せず、磁石を切断すると、その切断面には必ずN極とS極が生じる。磁極のもつ磁気量を磁極の強さ又は磁荷といい、記号を m で表し、単位はウェーバ*〔Wb〕を用いる。

　この吸引又は反発する二つの磁極間に働く力（磁力）F は、磁極の強さを m_1〔Wb〕、m_2〔Wb〕、相互の距離を r〔m〕とすると、次式の関係が成立し、これを磁気に関するクーロンの法則という。

$$F = k\frac{m_1 m_2}{r^2} \ \text{〔N〕}$$

　ただし、k は比例定数である。

　なお、磁極が異種の場合の F はマイナスで吸引力を、また、同種の場合はプラスで反発力を示す（第2.10図）。

---

*ウェーバ：Wilhelm Eduard Weber（1804〜1891、ドイツの物理学者）

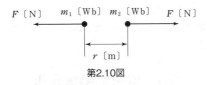

第2.10図

2.2.2　磁界（magnetic field）

　磁界（磁力が作用する空間をいう。）に単位強さのN極（1〔Wb〕）を置いたとき、これに働く力の大きさを磁界の強さと定義し、磁界の強さの量記号は H、単位はアンペア毎メートルで単位記号は〔A/m〕で表す。

　この磁界の状態を表すには、正の磁極に働く磁力の方向を、第2.11図のように仮想した曲線で示しており、これを磁力線といい、次に挙げるような性質がある。

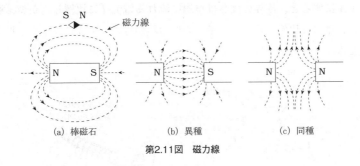

(a)　棒磁石　　　　　　(b)　異種　　　　　　(c)　同種

第2.11図　磁力線

① 　磁力線はN極から出て、S極に入る。
② 　常に縮まろうとし、隣り合う磁力線どうしは反発する。
③ 　磁力線どうしは交わらず、分かれることがない。
④ 　磁力線の接線の方向は、その点の磁界の方向を示す。
⑤ 　磁力線の密度は、その点の磁界の強さを表す。

　また、磁石の近くに鉄片を置くと吸引力を受けるとともに、鉄片は磁極に近い方に異種、また、遠い方に同種の磁極が現れて磁石となり、これを磁気誘導作用という。また、磁極の強さ $+m$〔Wb〕からは、m〔本〕の磁力線

14

が出ているものと考え、これを磁束といい、単位はウェーバ（単位記号Wb）
を用いる。（磁極の強さの単位〔Wb〕は、磁束の単位でもある。）

2.3　電流の磁気作用

2.3.1　アンペアの右ねじの法則

　第2.12図(a)に示すように、電流が流れている導体に磁針を近付けると、磁
針は導線と垂直な方向を向くような力を受ける。これは電流 I によって周囲
に磁界（中心に行くほど強くなる。）が生じ、点線のような磁力線ができる
ためである。これを電流の磁気作用といい、同図(b)のように電流の方向を右
ねじの進む方向にとると、ねじの回転する方向に磁力線ができる。これをア
ンペア*の右ねじの法則という。また、同図(c)のように導線を円筒状に巻い
たコイルにすると、磁界の強さは導線に流れる電流 I に比例し、かつ、導線
からの距離に反比例するので、多くの磁力線が点線のようにコイルを貫くこ
とになる。

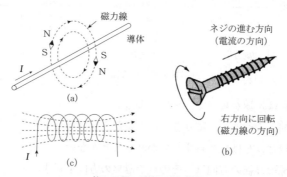

第2.12図　電流の磁気作用

　なお、アンペアの法則などで図を平面で示す場合、導線の断面図を⊗（ク
ロスという）と書けば、電流の方向は紙面の表から裏の方向と、また、⊙（ドッ
トという）と書けばその逆と定められている。

---

*アンペール：Andre-Marie Ampere（1775～1836、フランスの物理・数学者）に由来

2.3.2　フレミングの左手の法則

　第2.13図(a)に示すように、導線を磁石のＮ極、Ｓ極の間に置いて電流を流すと、導線は磁石によって生じる磁束と電流の方向に直角な方向に力を受ける。このように、磁界と電流との間で働く力を**電磁力**という。この力の大きさは電流の大きさ、磁界中の導線の長さ、磁界の磁束密度の積に比例する。

　また、第2.13図(b)に示すように左手の親指、中指（電流の方向）、人差指（磁界の方向）を互いに直角に開くと、親指の方向が電磁力の働く方向を示す。これを**フレミング*の左手の法則**という。

　なお、電気計器や電動機は、この電磁力を利用したものである。

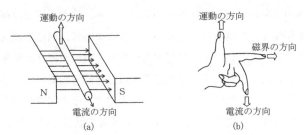

第2.13図　電磁力とフレミングの左手の法則

2.3.3　電磁誘導 (electromagnetic induction)

(1)　電磁誘導現象

　第2.14図に示すようにコイルの両端に検流計（電流の大きさや向きを検出することができる計器）をつなぎ、棒磁石をコイルの中に急に入れたり出したりすると、その瞬間だけ電流が流れるのが分かる。棒磁石を動かす代

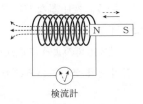

第2.14図　磁石による電磁誘導

わりにコイルを急に動かしてもやはり短時間だけ電流が流れる。

　また、第2.15図に示すように二つの回路Ａ、Ｂを並べてＡに電池、Ｂに検流計Ｇをそれぞれ接続しておき、ＡのスイッチＫを閉じて電流を流すと、その瞬間だけＢの検流計が振れる。回路Ａに一定の大きさの電流が流れて

---

*フレミング：John Ambrose Fleming（1849〜1945、イギリスの物理学者）

いるときは、回路Ｂには電流が流れないが、Ｋを開くと、その瞬間だけ回路Ｂに電流が流れ、その向きはＫを閉じたときと逆である。

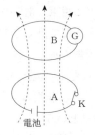

電池

第2.15図　電磁誘導現象

　これらの現象は、回路（前者の例ではコイル、後者の例では回路Ｂ）を貫く磁束が変化した場合に生じている。このように、回路と鎖交している磁束が変化したときに、回路に起電力が生じ、電流が流れる現象を**電磁誘導**といい、また、これによって生じる起電力を**誘導起電力**という。

　電磁誘導によって回路に誘導される起電力は、その回路を貫く磁束の時間に対して変化する割合に比例する。これを電磁誘導に関する**ファラデー**[*]**の法則**という。

　また、電磁誘導によって生じる起電力の向きは、その誘導電流のつくる磁束が、もとの磁束の増減を妨げる方向に生じる。これを**レンツ**[*]**の法則**という。変圧器などは電磁誘導を利用したものである。

(2)　**インダクタンス**

　第2.16図のように電流の流れている回路は、自己の電流によって生じる磁束と鎖交しているので、電流が時間的に変化すれば、鎖交している磁束

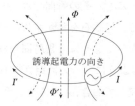

第2.16図　自己誘導

[*]ファラデー：Michael Faraday（1791〜1867、イギリスの物理・化学者）
[*]レンツ：Heinrich Lenz（1804〜1865、ドイツの物理学者）

も変化して、電磁誘導作用により、この回路に起電力が誘導される。このように自己の回路の電流の変化によって自己の回路に起電力を誘導する現象を自己誘導という。

　自己誘導作用によって生じる誘導起電力の大きさは、電流の時間的変化の割合が一定ならば、コイルの形状及び巻数で決まる。この自己誘導作用の大きさを表す比例定数を自己インダクタンス（又はインダクタンス）といい、量記号は L、単位はヘンリー*で単位記号は〔H〕で表す。1000分の1をミリヘンリー〔mH〕、100万分の1をマイクロヘンリー〔μH〕といい、補助単位として用いる。コイルの図記号を第2.17図に示す。

空心コイル　　　　鉄心入りコイル

第2.17図　コイルの図記号

　第2.15図の場合は回路Aの電流の変化により回路Bに鎖交している磁束が変化して回路Bに起電力を誘導するが、このように自己以外の回路の電流の変化（鎖交磁束の変化）により起電力を誘導する現象を相互誘導という。

　このときの起電力の向きは、磁束の変化を妨げる電流の向きとなり、起電力の大きさは、電流の時間的変化の割合が一定ならば、これら二つのコイルの形状及び巻数のほか、それらの相対的位置で決まる。この相互誘導作用の大きさを表す比例定数を相互インダクタンスといい、量記号は M、単位はヘンリーで単位記号は〔H〕で表す。二つのコイル L_1〔H〕と L_2〔H〕を直列に接続したときの合成インダクタンス L_0〔H〕は次のようになる。

　　　$L_0 = L_1 + L_2 \pm 2M$

　L_1 と L_2 が巻き方の方向が同じ場合は和、逆の場合は負となる。

2.3.4　フレミングの右手の法則

　第2.18図(a)に示すように導体の両端に検流計をつなぎ、磁石の磁極N、Sの間で導体を磁束を切る方向に動かすと、電磁誘導により導体中に起電力を

*ヘンリー：Joseph Henry（1797〜1878、アメリカの物理学者）

生じ、電流が流れるが、このとき発生する起電力（電流）の方向は、同図(b)のように右手の親指、中指、人差指を互いに直角に開き、人差指を磁力線の方向、親指を導線を動かす方向にとれば、中指の方向が起電力（電流）の方向を示す。これをフレミングの右手の法則という。なお、発電機はこの電磁誘導を利用したものである。

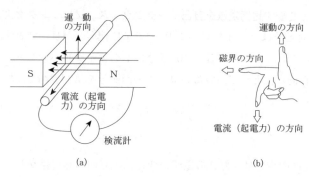

(a)   (b)

第2.18図　フレミングの右手の法則

第 3 章　電気回路

3.1　電　流

　すべての物質は多数の原子の集合であり、原子は第3.1図に示すように、中心にある正の電荷を持つ原子核と、その周りの負の電荷を持つ電子から構成されている。原子は、通常の状態では正と負の電荷が等量であるので、電気的に中性が保たれている。導体においては、一番外側の電子は原子と結びつきが弱く価電子といわれるが、熱など何らかのエネルギーを得ると、原子から離れて容易に移動できる自由電子となる。この自由電子の移動現象が電流である。

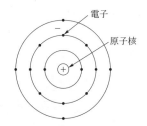

第3.1図　原子構造の模型図（例：シリコン）

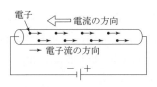

第3.2図　電子流と電流

　摩擦電気の正と負を、摩擦した物質によって決めたときに、結果として電子のもつ電荷を負と定めたため、電子流の方向と電流の方向が第3.2図のように逆の関係となってしまった。それを基本として電気の理論が組み立てられているが、この関係を改めなくても支障がないので、この約束が継続している。

　電流の量記号は I、単位はアンペアで単位記号は〔A〕で表す。真空中に 1〔m〕の間隔で平行に張られた無限に長い 2 本の細い導体に大きさの等しい電流を流し、1〔m〕当たり $2×10^{-7}$〔N〕の電磁力が働くときの電流が 1〔A〕である。1〔A〕の電流で 1〔s〕の間に流れる電荷が 1〔C〕である。

メ モ

20

1アンペアの1,000分の1を1ミリアンペア〔mA〕（1×10^{-3}〔A〕）、100万分の1を1マイクロアンペア〔μA〕（1×10^{-6}〔A〕）といい、補助単位として用いる。

3.2　電　圧

　水は水位の差によって流れが生じる。これと同様に、電気の場合も電位（正の電荷が多いほど電位は高く、負の電荷が多いほど電位は低い。）の差によって電流が流れる。この電位差が電流を流す圧力となるのでこの差を電圧という。逆に、他のエネルギーによって低電位から高電位に正電荷を移動させる力を起電力という。電圧の量記号は V、起電力の量記号は E、いずれも単位はボルト*で単位記号〔V〕で表す。1ボルトの1,000分の1を1ミリボルト〔mV〕（1×10^{-3}〔V〕）、100万分の1を1マイクロボルト〔μV〕（1×10^{-6}〔V〕）、1,000倍を1キロボルト〔kV〕（1×10^{3}〔V〕）といい、補助単位として用いる。

　なお、電池又は交流発電機のように、外部から電気エネルギーを供給する源を電源といい、その図記号を第3.3図に示す。

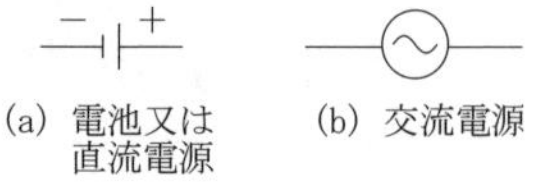

(a) 電池又は直流電源　　(b) 交流電源

第3.3図　電源の図記号

3.3　電　力

　高い所にある水を落下させ水車で発電機を回すと、電気を発生する仕事をする。したがって、高い所の水は仕事をする能力があると考えることができ、このような仕事をする能力は高さ及び流量に比例する。

　電気の場合も同様に、機器で1秒当たりの発生又は消費する電気エネルギー（ジュール／秒）を電力といい、直流の場合は、電圧と電流の積で表される。量記号は P、単位はワット*で単位記号〔W〕で表す。1ワットの1,000分の1を1ミリワット〔mW〕（1×10^{-3}〔W〕）、100万分の1を1マイクロワット〔μW〕（1×10^{-6}〔W〕）、1,000倍を1キロワット〔kW〕（1×10^{3}〔W〕）

---

*ボルタ：Alessandro Volta（1745〜1827、イタリアの物理学者）に由来
*ワット：James Watt（1736〜1819、イギリスの機械技術者）

といい、補助単位として用いる。

　電力は1秒当たりの電気エネルギーで表されるが、電力 P がある時間 t に消費した電気エネルギーの総量（$=Pt$）を**電力量**といい、量記号は W_P、単位はワット秒〔Ws〕、ワット時〔Wh〕で表す。ワット時の1,000倍のキロワット時〔kWh〕が補助単位として用いられる。

3.4　回路素子

3.4.1　高周波における回路素子

(1)　導線

　導線に高周波の電流を流した場合、導体断面の電流分布をみると、電流は断面の周辺部に集中し、断面の中央部分は、電流を通すのにほとんど役立たなくなる。これを**表皮効果**という。このため、直流で測定した抵抗値よりも高周波に対する実効抵抗は著しく増大する。

　この表皮効果は、導体を1本にせず、多数の細い線をエナメルなどで絶縁し、撚線にすれば電流は各線に平等に分配されるので、線をより細いものにすると、表皮効果の影響を著しく少なくすることができる。

　マイクロ波になれば、表皮効果はいよいよ大きくなり、高周波電流は、表面からわずか 1×10^{-6}〔m〕という程度の非常に薄い層にしか流れないから、導電率の良い金属であっても、その表面の状態がどうであるかにより抵抗が生じる。導電率の良い銅を用いても、表面で腐食して凹凸が生じたり、さびたりしては抵抗が増加する結果となる。マイクロ波回路では、銅、真ちゅう又はその他の金属に金又は銀メッキをしたものが使用されるのは、このためである。

(2)　コイル

　コイルの良さは、コイルのリアクタンス ωL と、その実効抵抗 R_e との比によって表される。これは、共振回路（4.2(1)を参照。）において、コイルの特性の基本を成すものとして、非常に重要な値であり、普通、Q

（Quality factor）で表す。周波数が f〔Hz〕のとき、$\omega = 2\pi f$ とすると、Q は次式で表される。

$$Q = \frac{\text{コイルのリアクタンス}}{\text{コイルの実効抵抗}} = \frac{\omega L}{R_e} \qquad \cdots(3 \cdot 1)$$

ただし、コイルの実効抵抗 R_e は、コイルに付随する誘電体損を含むものとする。

Q の値は、コイルの構造及び使用周波数によって異なるが、その傾向としては、例えば、コイルの寸法が大きければ Q も大きくなる。しかし、Q の変化は、寸法が変わるほどには大きくない。

なお、周波数が高くなれば、コイルの実効抵抗 R_e は急に増加し、Q の値は減少する。したがって、マイクロ波になれば、同軸ケーブルとか、空洞共振器のような回路を使わなければならなくなる。

(3) 誘電体

一般によく使われているコンデンサの誘電体は、空気、紙、マイカ、合成樹脂、磁器等である。また、絶縁のための支持物としても合成樹脂及び磁器が多く用いられる。これらの誘電体の損失は、できるだけ小さくなるようにしなければならない。誘電体は、コンデンサのほかにも、さまざまなもの、例えば、電子管内の電極支持物、ベース、ソケット、コイルの枠、高周波同軸ケーブルなどに広く使われており、損失の大小は、無線装置の性能に大きく影響する。

(4) コンデンサ

一般にコンデンサは、さまざまな損失を伴うのが普通である。誘電体に交流電圧がかかると、**誘電体損を生じ、この損失は熱となり、誘電体の温度を高める**。また、誘電体内を漏れ電流が流れると、これによる損失もまた熱となる。また、周波数が高くなれば、表皮効果によって、コンデンサの引出線（リード線）や電極でも相当の損失を生じる。

3.5　フィルタ

3.5.1　概要

無線通信装置には用途により特定の周波数より低い周波数範囲の信号を通す回路、逆に、高い周波数の信号のみを通過させる回路、特定の周波数範囲の信号のみを通過させる回路などが組み込まれていることが多い。これらの回路はフィルタと呼ばれ、次のようなものがある。

3.5.2　低域通過フィルタ（LPF：Low Pass Filter）

LPF は第3.4図に示すように、周波数 f_c より低い周波数の信号を通過させ、周波数 f_c より高い周波数の信号は通さないフィルタである。

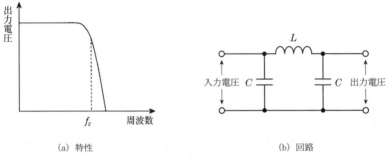

(a)　特性　　　　　　　　　　　(b)　回路

第3.4図　低域通過フィルタ（LPF）

3.5.3 高域通過フィルタ（HPF：High Pass Filter）

HPF は第3.5図に示すように、周波数 f_c より高い周波数の信号を通過させ、周波数 f_c より低い周波数の信号は通さないフィルタである。

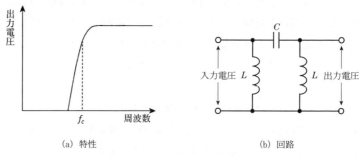

(a) 特性   (b) 回路

第3.5図　高域通過フィルタ（HPF）

3.5.4 帯域通過フィルタ（BPF：Band Pass Filter）

BPF は第3.6図に示すように、周波数 f_1 より高く、f_2 より低い周波数の信号を通過させ、その帯域外の周波数の信号は通さないフィルタである。

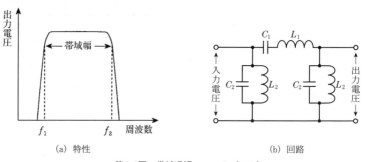

(a) 特性   (b) 回路

第3.6図　帯域通過フィルタ（BPF）

3.5.5　帯域消去フィルタ（BEF：Band Elimination Filter）

　BEF は第3.7図に示すように、周波数 f_1 より高く、f_2 より低い周波数の信号を減衰させ、それ以外の周波数の信号を通すフィルタである。

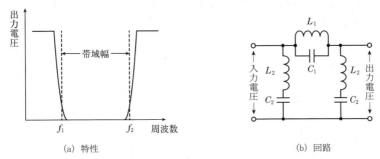

(a)　特性　　　　　　　　　　　　　　　　(b)　回路

第3.7図　帯域消去フィルタ（BEF）

3.6　減衰器

　抵抗減衰器とは、回路中に挿入して所要の減衰を与えるもので、回路素子はすべて抵抗で構成される。

　種類としては、素子の配列により、第3.8図(a)、(b)、(c)及び(d)に示すように、T形、π形、L形及びH形等がある。

　また、入・出力側からみて、平衡しているか否かにより、平衡形（例えば、H形）と不平衡形（例えば、T形）に分けることもあり、更に、入力側と出力側の特性抵抗が等しいものを対称形、等しくないものを非対称形と分けることもある。

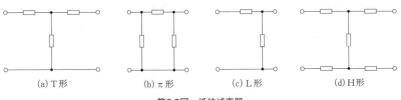

(a) T形　　　　　(b) π形　　　　　(c) L形　　　　　(d) H形

第3.8図　抵抗減衰器

　減衰器を使用する場合、特に注意することは、それを回路に挿入しても回路状態を乱すことなく、しかも、減衰器が有効に動作するようにすることである。この点については、フィルタの場合も同様である。

　抵抗減衰器の主な回路について計算した結果は、次のようになる。ただし、減衰量は $\dfrac{1}{n}$ とする。

(A)　非対称形

$$R_1 = \frac{n-1}{n}R$$

$$R_2 = \frac{R R_L}{n R_L - R}$$

ただし、$n R_L > R$

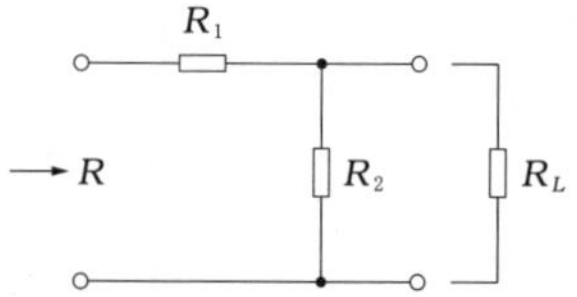

第3.9図　L形

(B)　対称形

(a)　不平衡形

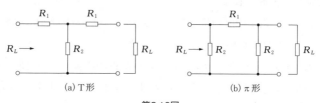

(a) T形　　　　　　　(b) π形

第3.10図

図(a)では、

$$R_1 = \frac{(n-1)R_L}{n+1}$$

$$R_2 = \frac{2n R_L}{n^2-1}$$

図(b)では、

$$R_1 = \frac{(n^2-1)R_L}{2n}$$

$$R_2 = \frac{(n+1)R_L}{n-1}$$

(b)　平衡形

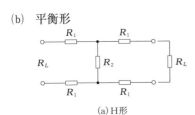　　　　　　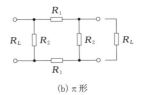

(a) H形　　　　　　　　　　　　　　(b) π形

第3.11図

図(a)では、

$$R_1 = \frac{1}{2}\frac{(n-1)R_L}{n+1}$$

$$R_2 = \frac{2nR_L}{n^2-1}$$

図(b)では、

$$R_1 = \frac{(n^2-1)R_L}{4n}$$

$$R_2 = \frac{(n+1)R_L}{n-1}$$

3.7　導体及び絶縁体

　物質には、電荷が容易に移動する（銅のように電気を伝える）ことができる導体と呼ばれるものと罫線、電荷の移動しない（ガラスのように電気を伝えない）不導体又は絶縁体と呼ばれるものとがある。また、両者の中間の性質をもつものを半導体という。第3.12図にこれらの代表的な例を示す。（長さ1〔m〕、断面積1〔㎡〕の抵抗値をその導体の抵抗率とよび、単位はオームメートル（単位記号Ωm））

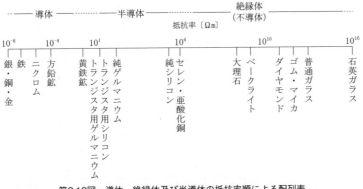

第3.12図　導体、絶縁体及び半導体の抵抗率順による配列表

第 4 章　高周波回路

4.1　概要

　電波の信号を扱う高周波回路では、使用する周波数が高くなる、すなわち信号の波長が短くなるにしたがって、回路素子として用いられる抵抗やコンデンサ、コイルなどの部品の寸法やそれら部品間をつなぐ配線の長さは、信号の波長と比べて無視できなくなる。そのため、使用する周波数が高くなるにしたがって、素子特性の数値（例えば、抵抗値や静電容量、自己インダクタンスの値など）と実際の特性に差が生じてくる。例えば、巻線抵抗を高い周波数で用いる場合、単純に抵抗値のみとして考えることはできず、コイルやコンデンサの性質も有する複雑な特性の素子として考えなければ、実際の特性と合わない結果となる。このように、高い周波数で回路を使用する場合、抵抗やコイル、コンデンサなどの特性がその素子に集中して存在するという考え方、いわゆる集中定数回路として扱うことはできず、回路の配線も含め、ある長さの回路全体に特性が分布しているという考え方、いわゆる分布定数回路として扱う必要が生じ、注意が必要である。

　一般に、使用する周波数が UHF 帯以上になると、小さなコイルでも極めて大きなリアクタンス成分をもったり、小さなコンデンサでも極めて小さなリアクタンス成分をもつケースが生じる。したがって、特にマイクロ波帯では、素子単体で満足な特性を示すコイルやコンデンサを得ることはできず、また、それらの素子で構成される共振回路などでも広い周波数範囲で調整することが困難であるため、立体的な構造をした回路、すなわち立体回路を用いる。その代表的なものとして、導波管や空洞共振器がある。

メ モ

4.2　集中定数回路

集中定数回路の例として、共振回路について述べる。

(1)　共振回路

インダクタンスと静電容量を主な要素とする集中定数回路は、ある周波数において共振する。共振には、直列共振と並列共振とがある。

(A)　直列共振

(a)　共振現象

第4.1図の回路のインピーダンス $\dot{Z}$ は、角周波数を ω とすれば、次式で示される。

第4.1図　直列共振回路

$$\dot{Z} = R + j\left(\omega L - \frac{1}{\omega C}\right) \qquad \cdots(4 \cdot 1)$$

したがって、加える電圧を $\dot{V}$ とすると、回路の電流 $\dot{I}$ は、

$$\dot{I} = \frac{\dot{V}}{R + j\left(\omega L - \frac{1}{\omega C}\right)} \qquad \cdots(4 \cdot 2)$$

である。

いま、$\omega L = \dfrac{1}{\omega C}$ の条件が満足されると、回路のリアクタンス分は零となり、インピーダンスの絶対値は最小（抵抗分のみ）となって、電流は最大となる。

このような状態を共振又は直列共振といい、このときの ω を $\omega_r = 2\pi f_r$ とすれば、

$$f_r = \frac{1}{2\pi\sqrt{LC}} \qquad\qquad \cdots(4\cdot3)$$

が得られるが、この f_r を共振周波数という。

　第4.2図は、角周波数を変化させたときの電流の変化を示し、第4.3図は、各リアクタンスの変化を示したものである。

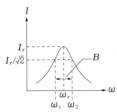

ω_r：共振角周波数　B：帯域幅
I_r：共振電流

第4.2図　直列共振回路の共振電流

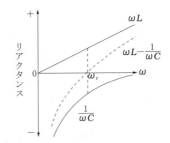

第4.3図　直列共振回路のリアクタンス特性

　なお、角周波数を変化させたとき、共振角周波数 ω_r より大きい領域では、回路のリアクタンスは誘導性のリアクタンス $\left(\omega L > \dfrac{1}{\omega C}\right)$ を示し、ω_r より小さい領域では、容量性のリアクタンス $\left(\omega L < \dfrac{1}{\omega C}\right)$ を示す。

　また、回路が共振していないときの位相角 φ は、

$$\varphi = \tan^{-1}\frac{\omega L - \dfrac{1}{\omega C}}{R} \qquad\qquad \cdots(4\cdot4)$$

であり、電流と電圧の間には、φ なる位相差があるが、**共振時においては $\varphi=0$ すなわち、同相となる。**

(b)　共振のせん鋭度

　せん鋭度（Q 値）は周波数特性の鋭さを表す値であり、せん鋭度が大きいと特性は鋭くなり、小さいと緩やかになる。

　共振回路のせん鋭度 Q は、

$$Q = \frac{1}{\omega_r CR} = \frac{\omega_r L}{R} = \frac{\omega_r}{\omega_2 - \omega_1} = \frac{f_r}{f_2 - f_1} = \frac{f_r}{B}$$

また、

$$\omega_r = \frac{1}{\sqrt{LC}} \;\; \text{であるから} \;\; Q = \frac{\omega_r L}{R} = \frac{1}{R}\sqrt{\frac{L}{C}} \qquad \cdots (4 \cdot 5)$$

すなわち、せん鋭度は、L が大きく、また、C 及び R が小さいほど鋭くなる。

(B) 並列共振

(a) 共振現象

第4.4図において、角周波数を ω としたとき、回路のアドミタンス $\dot{Y}$ は、次式で示される。

$$\dot{Y} = \frac{1}{R + j\omega L} + j\omega C \qquad \cdots (4 \cdot 6)$$

したがって、回路の電流は、加える電圧を $\dot{V}$ とすると、

$$\dot{I} = \dot{V}\dot{Y} = \dot{V}\left(\frac{1}{R + j\omega L} + j\omega C \right)$$

$$= \dot{V}\left\{ \frac{R}{R^2 + \omega^2 L^2} - j\left(\frac{\omega L}{R^2 + \omega^2 L^2} - \omega C \right) \right\} \qquad \cdots (4 \cdot 7)$$

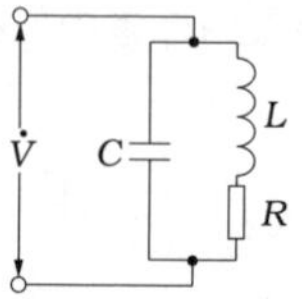

第4.4図　並列共振回路

いま、$\omega L \gg R$ ならば、$\omega L = \dfrac{1}{\omega C}$ でサセプタンス分は零、そしてアドミタンスは最小、すなわち、インピーダンスは最大となる。したがって、このとき回路の電流は最小となる。

このような状態を**並列共振**又は**反共振**といい、このときの ω を $\omega_r = 2\pi f_r$ とすると、R が無視できる（$\omega_r L \gg R$）場合、並列共振周波数は、直列共振周波数と同様に、

$$f_r = \frac{1}{2\pi\sqrt{LC}} \qquad\qquad \cdots(4\cdot8)$$

である。

なお、R が無視できない場合は、

$$\dot{Z}_r = \frac{L}{CR} \qquad\qquad \cdots(4\cdot9)$$

となる。

　第4.5図は、角周波数を変化させたときの電流の変化を示したものである。また、第4.6図は、同様に各サセプタンスの変化を示したものである。

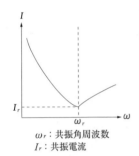

ω_r：共振角周波数
I_r：共振電流

第4.5図　並列共振回路の電流

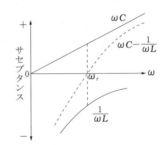

第4.6図　並列共振回路のサセプタンス特性

4.3　分布定数回路

4.3.1　平行二線式線路

(1)　平行二線式線路

　2本の導線を平行に張って、これを往復線とした伝送線路は、導線のもつ抵抗（R）のほかに自己インダクタンス（L）をもち、更に、導線相互間に静電容量（C）と漏えいコンダクタンス（G）も持っている。

　このように、伝送線路には、R、G、L 及び C が存在するため、これらがない理想的な場合に比べて、線路上の電圧、電流は、送端から遠ざかるに従

い、その振幅が減少し、位相も遅れることになる。

　一般に、伝送する電流の周波数が低く、線路の全長に比べて波長が十分長ければ、線路の電流は、大きさも位相も線路上の位置にかかわらず同じと考えてよい。このようにみなせる場合は、線路に沿って分布する抵抗と自己インダクタンスを1箇所又は数箇所に集中するものとして扱ってよい。つまり、その線路を集中定数回路と考えてよい。

　反対に、周波数が高く波長が短くなって、線路上の位置によって、電圧、電流の振幅と位相が相違する場合には、分布定数回路として扱わなければならない。

⑵　平行二線式線路の特性

　　第4.7図に示すような平行二線式線路において、

　　　L：両線の単位長当たりの往復電流に対するインダクタンス

　　　C：両線間の単位長当たりの静電容量

　　　R：両線の単位長当たりの往復導線抵抗

　　　G：両線間の単位長当たりの漏えいコンダクタンス

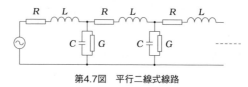

第4.7図　平行二線式線路

とすれば、単位長当たりのインピーダンス $\dot{Z}$ 及びアドミタンス $\dot{Y}$ は、それぞれ次式のようになる。

$$\dot{Z} = R + j\omega L$$
$$\dot{Y} = G + j\omega C$$

　いま、線路が無限に長いものとした場合、任意の位置における電圧 $(\dot{V})$ と電流 $(\dot{I})$ の比を $\dot{Z}_0$ とすると、$\dot{Z}_0$ は、次式で求めることができる。

$$\dot{Z}_0 = \frac{\dot{V}}{\dot{I}} = \sqrt{\frac{\dot{Z}}{\dot{Y}}}$$

$$= \sqrt{\frac{R + j\omega L}{G + j\omega C}} = R_0 + j X_0 \qquad \cdots (4 \cdot 10)$$

Z_0 は、線路の R、L、C 及び G によって決まる定数であって、これを特性インピーダンス又は波動インピーダンスという。

無損失線路の場合に Z_0 は、

$$Z_0 = \sqrt{\frac{L}{C}} \ (\Omega)$$

となり、純抵抗となる。

第4.8図に示す線路の特性インピーダンス Z_0 は、次式で表すことができる。

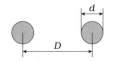

第4.8図　平行二線式給電線

$$Z_0 \fallingdotseq 277 \log_{10} \frac{2D}{d} \ (\Omega)$$

ここに、D は線間距離、d は導線の直径、実際には無限長の線路はあり得ないが、有限長の線路をその特性インピーダンス Z_0 で終端すれば、無限長線路と等価になり、線路が無損失であれば（無線周波数の領域で扱う場合には、線路は近似的に無損失線路と考えてよい）、線路上のどこでも電圧、電流の振幅は一定で、送端からの入射波は全部 Z_0 に吸収される。

しかし、Z_0 と異なる Z_r で終端すれば、無限長線路と等価にはならず、進行波は、受端の Z_r で反射されて送端の方へ戻ってくる。したがって、線路上の電圧、電流は一定でなく、進行波と反射波の合成により生じる移動しない電圧、電流の分布である定在波が生じる。この場合、受端における反射波と進行波の電圧比を負荷 Z_r の反射係数と呼び、反射係数 Γ（ガンマ：ギリシャ文字）は、次式で表される。

$$|\Gamma| = \frac{|Z_r - Z_0|}{|Z_r + Z_0|} \qquad \cdots (4 \cdot 11)$$

また、線路上の定在波電圧の大きさを表す電圧定在波比（VSWR）は、進行波及び反射波の振幅の和 $V_{\max}$ と、振幅の差 $V_{\min}$ の比で定義される。したがって、定在波比を S とすれば、

$$S = \frac{V_{\max}}{V_{\min}} = \frac{進行波 + 反射波}{進行波 - 反射波} = \frac{1 + \dfrac{反射波}{進行波}}{1 - \dfrac{反射波}{進行波}} \qquad \cdots(4 \cdot 12)$$

となる。線路の受端では、反射波と進行波の比は反射係数 $\varGamma$ で定義されるから、次式が成立する。

$$S = \frac{1 + |\varGamma|}{1 - |\varGamma|} \qquad \therefore \ |\varGamma| = \frac{S-1}{S+1} \qquad \cdots(4 \cdot 13)$$

次に、伝搬定数を γ とすると、

$$\gamma = \sqrt{ZY} \qquad \cdots(4 \cdot 14)$$

として一般的に定義されており、この γ は、$\gamma = \alpha + j\beta$ の形で表される。

実数部 α は**減衰定数**、虚数部 β は**位相定数**という。

無損失線路の場合には、次式のように表せる。

$$\alpha = 0 \ 〔\mathrm{Np/m}〕 \ または \ 0 \ 〔\mathrm{dB/m}〕$$

$$\beta = \omega\sqrt{LC} \ 〔\mathrm{rad/m}〕 = \frac{2\pi}{\lambda} \ 〔\mathrm{rad/m}〕 \qquad \cdots(4 \cdot 15)$$

したがって、線路の長さが l であれば、

$$\gamma l = j\beta l = j\frac{2\pi}{\lambda}l \qquad \cdots(4 \cdot 16)$$

となる。いま、波動の線路上の伝搬速度を v とすると、

$$v = f\lambda = \frac{2\pi}{\beta}f \qquad \cdots(4 \cdot 17)$$

この式に式 (4・15) を代入すれば、

$$v = \frac{1}{\sqrt{LC}} \ 〔\mathrm{m/s}〕 \qquad \cdots(4 \cdot 18)$$

すなわち、波動は、周波数 f に無関係に $\dfrac{1}{\sqrt{LC}}$ の速度で伝搬することになる。

4.3.2 同軸線路

(1) 同軸線路

　同軸線路（同軸ケーブル）は、第4.9図に示すように、円筒導体の軸に
内部導体をもつ伝送線路で、二つの導体間には、損失の少ない誘電体が充
てんしてある場合と、空気の場合とがある。主に用いられているのは、内
部導体として撚線を使い、外部導体は編組にして、その間にポリエチレン
などの誘電体を充てんして、自由に曲げられるようにしたものが広く用い
られている。

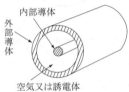

内部導体
外部導体
空気又は誘電体

第4.9図　同軸ケーブル

(2) 同軸ケーブルの特性

　同軸ケーブルの単位長ごとの抵抗を R〔Ω〕、インダクタンスを L〔H〕、
静電容量を C〔F〕及びコンダクタンスを G〔S〕、角周波数を ω とすれば、
同軸ケーブルの特性インピーダンス Z_0〔Ω〕は、

$$Z_0 = \sqrt{\frac{Z}{Y}} = \sqrt{\frac{R+j\omega L}{G+j\omega C}} \qquad \cdots(4\cdot19)$$

で表され、$R \ll \omega L$、$G \ll \omega C$ とすれば、特性インピーダンス Z_0 は、

$$Z_0 \fallingdotseq \sqrt{\frac{j\omega L}{j\omega C}} = \sqrt{\frac{L}{C}} \ \text{〔Ω〕} \qquad \cdots(4\cdot20)$$

で純抵抗になる。

　実用的には、第4.10図に示す同軸ケーブルの特性インピーダンス Z_0 は、
次式で表すことができる。

$$Z_0 = \frac{138}{\sqrt{\varepsilon_s}} \log_{10} \frac{D}{d} \ \text{〔Ω〕} \qquad \cdots(4\cdot21)$$

ただし、D：同軸ケーブルの外部導体の内径

d：同軸ケーブルの内部導体の外径

ε_s：空気の場合は1、ポリエチレンの場合は2.3である。

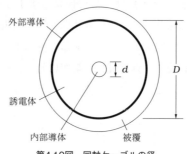

外部導体

誘電体

内部導体　　被覆

D

d

第4.10図　同軸ケーブルの径

4.3.3　分布定数線路の共振

　無損失の有限長線路の終端を開放又は短絡した場合の電圧、又は電流の状況は、次のようになる。

① 　開放の場合

　$Z_r = \infty$ であるから、式（4・11）から分かるように、反射係数 Γ は1となる。すなわち、進行波のうち電圧は、そのまま戻るから、終端では、二つの電圧が重なり2倍の電圧となる。これに対し、電流は進行波に対して位相が反転して戻るから終端では零になる。

② 　短絡の場合

　$Z_r = 0$ であるから、反射係数 Γ は−1となり、進行波のうち電圧は、位相が反転してそのまま戻るから終端の電圧は零となる。これに対し、電流は進行波と反射波が同位相で重なるので、2倍の大きさとなる。

　以上の理由から、線路上の電圧、電流分布は、第4.11図のようになる。線路上の波長で表した長さは、終端から測ったもので、比較のために特性インピーダンス Z_0 で終端された場合も示した。

　Z_0 で終端すれば、反射波がないので定在波が立たず、送端からの電力は、すべて Z_0 に吸収されることになる。

　ここでさらに、終端を開放又は短絡した短い導線の共振条件について調

べてみる。

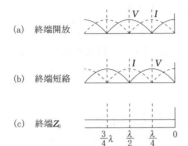

第4.11図　開放、短絡の場合の電圧、電流分布

● 　終端開放の場合の共振条件

　長さ $l = \dfrac{\lambda}{2}$ の線路の終端を開放した場合における電圧及び電流の分布は第4.12図(a)のようになるから、送端からみた線路のインピーダンスは最大となり、並列共振していることになる。

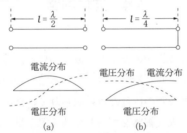

第4.12図　分布定数回路の共振

　一般に終端開放の線路が共振するためには、波長 λ と線路の長さ l が次のような関係であることが必要である。

　並列共振

$$l = \frac{\lambda}{2}、\ \frac{\lambda}{2} \times 2、\ \cdots\cdots \frac{n\lambda}{2}$$

　直列共振

$$l = \frac{\lambda}{4}、\ \frac{\lambda}{4} \times 3、\ \cdots\cdots \frac{(2n+1)\lambda}{4}$$

- 終端短絡の場合の共振条件

　長さ $l=\dfrac{\lambda}{4}$ の線路の終端を短絡した場合における電圧及び電流の分布は、第4.12図(b)のようになる。したがって、送端からみた線路のインピーダンスは最大となり、並列共振に相当するが、一般に終端短絡の線路が共振する条件としての l と λ との関係は、次のようになる。

　並列共振

$$l=\frac{\lambda}{4}、\ \frac{\lambda}{4}\times3、\ \cdots\cdots\frac{(2n+1)\lambda}{4}$$

　直列共振

$$l=\frac{\lambda}{2}、\ \frac{\lambda}{2}\times2、\ \cdots\cdots\frac{n\lambda}{2}$$

4.4　立体回路

4.4.1　共振器の概要

　同軸ケーブルとか導波管が、マイクロ波における伝送線路として、平行二線式線路よりはるかに優れた特性をもっている第一の理由は、電磁界の存在が同軸ケーブルとか導波管の内部だけに限られて、外部への放射が行われないことである。平行二線式線路を短絡して共振器が得られたように、これら同軸ケーブルとか導波管を短絡しても、当然、共振器が得られるはずである。このような共振器では、放射損はないから、同軸ケーブルに誘電体を用いなければ、損失としては導体壁を流れる電流による熱損失だけになるので、導電率の良い導体を用いるとか、銀あるいは金メッキを行うことで、損失を少なくでき、加えて、相当高い Q の値が得られる。

4.4.2　空洞共振器

　長さが管内波長 λ_g の $\dfrac{1}{4}$ で、先端を短絡した同軸ケーブル又は導波管は、並列共振回路として働き、$\dfrac{\lambda_g}{2}$ のものは直列共振回路として働くから、これ

らは、そのまま共振回路としても利用できるが、フィルタ若しくはフィルタ素子としても使用できる。しかし、導波管や同軸ケーブルを長さ $\frac{\lambda_g}{2}$ に切ったものでなくても、導体で囲まれた空洞が適当な形であるときは、共振回路として使用できる。一般に、これを空洞共振器（キャビティ）という。

一般に空洞共振器の Q は、普通の LC 回路のそれに比べ、非常に高く3,000～10,000程度もあるので、フィルタ素子として使用されることが多い。

4.4.3 導波管

（1）概説

3,000〔MHz〕までの周波数では、伝送線路として、特に送信機からアンテナへの給電線として、同軸ケーブルがよく用いられる。しかし、周波数が 3,000〔MHz〕以上になると、同軸ケーブルにはいろいろの欠点が現れてくる。

同軸ケーブルは、外部導体と内部導体からできているため、普通、この両導体間を誘電体で充てんするが、3,000〔MHz〕以上になると誘電体損によって生じる減衰がかなり大きく効いてくる。第4.13図のような中空の金属管の中を、電磁波を伝搬させれば、減衰は、外部導体のみによるものとなって、極めて少なくなり、マイクロ波では、特に望ましい伝送線路となる。

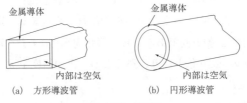

| (a) 方形導波管 | (b) 円形導波管 |

第4.13図 導波管

導波管が同軸ケーブルに比べて優れている点は、減衰の少ない点と大電力を取り扱えることである。

導波管内を伝搬可能な電磁波の周波数は、導波管の寸法によって決まる

ので、周波数が低くなるに従って、管の寸法が大きくなるため、不経済であり、持ち運びや設置に不便になるから低い周波数では使用されない。導波管は、通常、第4.13図のように方形、円形の断面である。方形は、解析が容易で製作しやすいため多く使用されている。

(2) **原理・基本波**

導波管でマイクロ波を伝送するには、電界の方向を断面の短辺に平行にして電波を送り込む。第4.14図で、導波管の b 面上の電界は常に零である。よって、断面上の電界の分布は、両端を零とした山形の分布となる。ところで、電界が b 面上で零となるように分布することは、電波が管軸に平行に直進したのでは不可能である。導波管内を進む電波は両側の管壁で反射を繰り返しながら二つの方向に伝搬する平面波からなっている。第4.15図に示すように、両方の b 面の間をA→B→C→Dというように反射して進むが、導体面で電波が反射するとき、導体面に平行な電界成分は位相が反転し、反射点の電界が零となる性質がある。

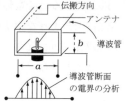

第4.14図　導波管断面の電界

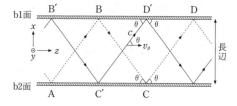

第4.15図　導波管内の電波の進路と速度

θ の値は、導波管の大きさと電磁波の波長から決まる一定値をとる。電波の進行方向は z 軸方向であるから、第4.15図に示すように、自由空間を伝わる速度 c の $\cos\theta$ 倍となり、遅くなる。その速度を v_g とすれば

$$v_g = c \cos\theta \qquad \cdots(4\cdot22)$$

この v_g を**群速度**（group velocity）といい、管内におけるエネルギーの伝搬速度である。

方形断面の長辺の長さを a としたときの TE$_{10}$ モード（後述する）の場合について考えてみる。

　第4.16図は波面と波長を表す図である。導波管の中心 O から管壁に下ろした垂線 $\overline{\text{OP}}$ と波面 $\overline{\text{PQ}}$ との角度∠OPQ は θ である。

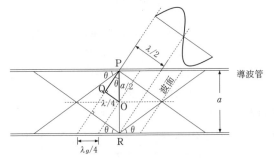

第4.16図　導波管寸法と波長の関係

したがって、$\overline{\text{OQ}} = \dfrac{\lambda}{4}$、$\overline{\text{OP}} = \dfrac{a}{2}$ であるから

$$\sin\theta = \frac{\overline{\text{OQ}}}{\overline{\text{OP}}} = \frac{\lambda/4}{a/2} = \frac{\lambda}{2a} \qquad\cdots(4\cdot23)$$

という関係が得られる。

一般に波長は整数倍 $n\lambda$ であればよく、

$$\sin\theta = \frac{n\lambda}{2a} \qquad\cdots(4\cdot24)$$

を満足するような角 θ のときも管内伝搬が行われる。このときの模様を第4.17図に示す。沢山ある伝送モードの中で、普通に使用されるのは、基本波といわれる $n=1$ で表されるもので、断面の長辺に山が一つでき、しかも、短辺には山も谷も生じない形で、TE$_{10}$ 波といわれるモードである。

　なお、ここで TE 波というのは、管軸方向（伝搬方向）には磁界成分だけがあり、電界成分がない伝送モードを意味する。ただし、断面には電界も磁界もある。これに対し、TM 波といわれるモードがあるが、これは、管軸方向には電界成分だけで磁界成分がなく、断面には電界も磁界もあるモードを意味する。また、添数の第１文字は、a 面における電界分布の山の数を示し、第２文字は、b 面の山の数を示す。

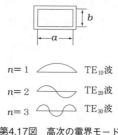

第4.17図　高次の電界モード

(3)　群速度と遮断周波数

群速度 v_g は式（4・22）より

$$v_g = c\cos\theta = c\sqrt{1-\sin^2\theta} = c\sqrt{1-\left(\frac{\lambda}{2a}\right)^2} \qquad \cdots(4\cdot25)$$

で表せる。

よって、波長 λ が短くなるに従い、第4.18図(a)のように θ が小さくなり、反射の回数が減少し、電波は管軸方向に近い角度で進むようになる。管内の伝搬速度は、自由空間における速さ c に近付く。それに対して、λ が

2a に近付くと、図(b)のように反射の回数は増加し、管内の群速度は減少する。そして、$\lambda=2a$ のときは、図(c)のように $\theta=90°$ となり、電波は、導波管の同じ位置で両側壁を往復するだけで、全く進行しない。このときの波長を遮断波長 λ_c といい、また、このときの周波数が遮断周波数 f_c である。

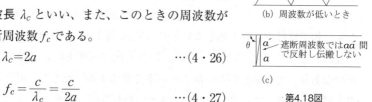

(a) 周波数が高いとき

(b) 周波数が低いとき

(c)
遮断周波数では $a a'$ 間で反射し伝搬しない

第4.18図

$$\lambda_c = 2a \qquad \cdots(4\cdot26)$$

$$f_c = \frac{c}{\lambda_c} = \frac{c}{2a} \qquad \cdots(4\cdot27)$$

また、λ が $2a$ より大きくなった場合は、導波管の中に電界はできるが、電磁エネルギーを通さない。

(4)　管内波長と位相速度

　第4.16図において、波面の 1 波長分を管軸上で見たものを λ_g（図中では
それぞれの $\dfrac{1}{2}$ を示している）とすれば、

$$\lambda_g = \frac{\lambda}{\cos\theta} = \frac{\lambda}{\sqrt{1-\left(\dfrac{\lambda}{2a}\right)^2}} = \frac{\lambda}{\sqrt{1-\left(\dfrac{\lambda}{\lambda_c}\right)^2}} \qquad \cdots(4\cdot28)$$

となる。この λ_g を管内波長といい、自由空間の波長 λ より長くなる。

　周波数 f は、導波管の中でも同じであるから、管内波長と周波数の積
で決まる電波の速度 v_p は次式で与えられる。

$$v_p = f\lambda_g = \frac{f\lambda}{\cos\theta} = \frac{c}{\cos\theta} = \frac{c}{\sqrt{1-\left(\dfrac{\lambda}{2a}\right)^2}} = \frac{c}{\sqrt{1-\left(\dfrac{\lambda}{\lambda_c}\right)^2}} \cdots(4\cdot29)$$

　この v_p を位相速度（phase velocity）といい、自由空間の電波の速度よ
り速くなるが、これは同位相の電界が移動する速さという意味で、電波の
エネルギーが移動する速さではない。

　群速度と位相速度との間には

$$v_g \times v_p = c^2 \qquad\qquad\qquad\qquad \cdots(4\cdot30)$$

の関係がある。

(5)　リアクタンス素子

(a)　導波管窓（スリット）

　第4.19図のように、導波管内に設けられたスリットは、一般に誘導的又
は容量的に働く。いま、TE$_{10}$ モードの振動を考えると、図(a)では、電界
がスリットに平行になり、電流は、スリットの壁に沿って垂直に流れる。
したがって、無効電力は、大部分磁界に蓄えられ、等価回路は、インダク
タンスが並列に入った回路になる。これに反して、図(b)の場合は、電界が
スリットに直角になるから、壁に流れる電流は阻止され、間隙に電荷が現
れる。この状態の下では、無効電力は間隙の電界内に蓄えられ、スリット
は容量として働く。したがって、等価回路は、容量が並列に入った回路に

なる。次に、図(c)の場合は、スリットの幅と高さの割合によって、誘導的にも容量的にもなる。スリットの寸法を適切に選べば、伝送周波数に対し、誘導リアクタンスと容量リアクタンスを等しくすることができる。

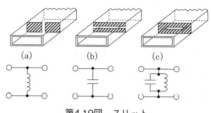

第4.19図　スリット

　以上のようなスリットは、導波管と負荷を整合させるのに用いられる。導波管と負荷とが不整合の場合は反射波が生じるが、スリットを作れば、その障害物においても反射波を発生して、前者の反射波と後者の反射波とが大きさが等しく、位相が反対となるようにスリットの位置と大きさを選べば、上記の二つの反射波は相殺して、導波管と負荷とが整合することになる。

(b)　導波管の同調ねじ

　整合を取る要素としては、スリットのほかに、第4.20図(a)に示すような、導波管の中心線上に、電界に平行に挿入した同調ねじを用いることができる。すなわち、同調ねじの管内に挿入される長さ l によって、サセプタンスがいろいろ変化するわけで、$l < \dfrac{\lambda}{4}$ では容量性、$l > \dfrac{\lambda}{4}$ では誘導性となり、$l = \dfrac{\lambda}{4}$ で共振する。このような同調ねじを管の中心線上に、$\dfrac{\lambda_g}{4}$ の

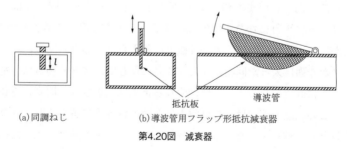

(a)同調ねじ　　　　　(b)導波管用フラップ形抵抗減衰器

抵抗板　　　　　導波管

第4.20図　減衰器

間隔で３個並べて整合をとることも実用されている。

　また、減衰器には、同図(b)に示すように、導波管壁にスロットを設けて抵抗板を挿入するフラップ形などがある。

(6)　分岐回路

　(a)　Ｔ形分岐

　　Ｔ形分岐は、第4.21図の(a)、(b)のように主導波管の電界方向に分岐のあるＥ面分岐、磁界方向に分岐のあるＨ面分岐などの種類がある。通常用いられているTE$_{10}$モードにおいて、図(a)はＥ面が、図(b)はＨ面が、それぞれＴ形になっているので、前者をＥ面分岐（直列分岐ともいう。）、後者をＨ面分岐（並列分岐ともいう。）という。

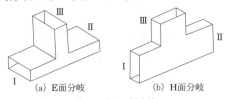

(a) Ｅ面分岐　　　　　(b) Ｈ面分岐
第4.21図　Ｔ形分岐

　　Ｅ面分岐では、Ⅲから入るマイクロ波は、Ⅰ及びⅡへ等分に分割されるが、その内部の電界は、第4.22図のように、逆位相でⅠ及びⅡへ向かう。すなわち、逆にⅠ及びⅡから同位相でマイクロ波が入ってきたときは、Ⅲでは、互いに逆位相となって打ち消されて出力はない。

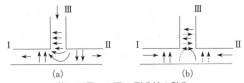

(a)　　　　　　　　(b)
第4.22図　Ｅ面Ｔ形分岐の動作

　(b)　マジックＴ

　　マジックＴは、第4.23図のように、主導波管にＥ分岐とＨ分岐を取付けた分岐回路であって、主回路であるＡとＢが整合しているとき、Ｄから電波を入れると、ＡとＢに等分されて、それぞれの出口から同位相で出る。

そして、Cへは出力がない。

　また、Cから電波を入れると、AとBへ等分されるが、この場合はそれぞれの出口から逆位相で出る。そしてDへは出力がない。

　マジックTは、インピーダンスや電力の測定などに使用する。

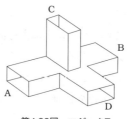

第4.23図　マジックT

(c)　方向性結合器

　方向性結合器とは、伝送線路あるいは導波管に結合して、負荷に供給するための電力について進行波成分と反射波成分を別々に取り出し得る装置であって、この進行波電力と反射波電力を測定することができる。

　また、送信機から送り出されている電力を監視するには、この進行波電力をみていればよく、出力モニタとしても便利である。このとき、線路又は導波管内を伝搬していく高周波電力の一部を取り出して測定するので、その結合度を十分小さくして、回路に影響を与えないようにすることが必要である。

　この方向性結合器は、第4.24図のように、二つの導波管を隣接して並べ、その共通の管壁に二つの導波管を結合する結合要素をもったもので、通常、導波管では、共通の管壁に穴を設けて結合要素とする。

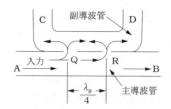

第4.24図　方向性結合器

　一方の導波管を主導波管、他方を副導波管と呼び、普通は、結合要素による主導波管と副導波管の結合は弱く、20〜30〔dB〕程度であるので、Aからの入力エネルギーの大部分は、Bの方へ進むことになる。

　また、同図で結合穴QとRの間隔を、導波管に送られる高周波の $\frac{\lambda_g}{4}$ に取り、B、C及びDの各終端は、無反射に終端されているとすれば、Aからの入力の一部は、Qを通って副導波管に入り、C及びDに向かう二つの波となる。

　同様に、Rからも副導波管に入り、C及びDに向かう二つの波となる。Q、Rを通ってそれぞれDに向かう波の通路の長さは相等しいから、この二つの波はお互いに強め合うが、Q、Rを通ってCに向かう二つの波のうちRを通るものは、QRの長さ $\frac{\lambda_g}{4}$ を往復するので、Qを通るものより通路が $\frac{\lambda_g}{2}$ だけ長いため、位相は逆となって互いに打ち消し合う。

　もし、QとRにおける結合の強さが等しければ、Cに向かう波は零になる。したがって、主導波管を伝搬する電波エネルギーの一部は、結合穴Q、Rを通してDに現れるが、Cには現れない。

　次に、Bの終端が無反射でないときは、主導波管内にBからAに向かう反射波が生じて、前と同じ理由で、この反射エネルギーの一部は、Q、Rを通してCには現れるが、Dには現れないので、D及びCに電力計をおけば、これらは、それぞれ入射波及び反射波に比例した読みを与えることになる。

(7)　非可逆回路

(a)　サーキュレータ

　サーキュレータは第4.25図のように①から入力すると②へ、②から入力すると③へ、③から入力すると①へ出力され、他の端子へは出力されない機能をもち、アンテナを送信と受信に共用する場合などに用いられることが多い。これは、第4.26図のように、導波管内に一様に磁化されたフェライトを挿入してあるからである。

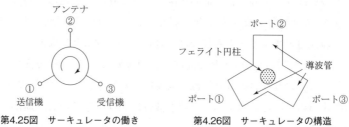

第4.25図　サーキュレータの働き　　　　第4.26図　サーキュレータの構造

　導波管内をマイクロ波が伝搬するとき、磁化されたフェライトにより一方向に進行するマイクロ波はほとんど減衰せず、逆方向に対しては大きな減衰を与える非可逆性を利用したものである。

　この原理は、マイクロ波周波数とフェライトを磁化する静磁界がある特定の関係にあるとき、マイクロ波エネルギーはフェライトに共鳴吸収（波長が一定でも磁界の強さが変わると、ある特定の磁界で電波が吸収される現象）される。

　例えばレーダーの送受切換装置として用いる場合、時計方向の偏波では共鳴吸収を起こし、反時計方向に偏波面が変わったとき共鳴吸収を起こさない性質をいう。

第5章　半導体及び電子管

5.1　半導体素子

5.1.1　半導体

　銀、銅などの金属は、抵抗率が小さく、電気を良く伝えるので導体という。これに対してガラスやプラスチックなどは、抵抗率が極めて大きく、ほとんど電気を通さないので絶縁体という。ところが、ゲルマニウム（Ge）、シリコン（Si）及びセレン（Se）などは、導体と絶縁体の中間の抵抗率（10^{-4} から 10^5〔$\Omega \mathrm{m}$〕までぐらい。）をもち、次のような特徴をもっている。

①　抵抗の温度係数が負（温度が上昇すると抵抗が減る。）である。

②　純度の高い半導体は、微量の金属原子（不純物という。）や結晶の欠陥があると導電率に大きな影響を受ける。

③　半導体に微量の不純物を含ませることにより、整流作用、光電効果、熱電効果及びホール効果などの特殊な現象を示す。

　なお、半導体は、不純物を含まない真性半導体と、不純物を含んだ不純物半導体に分けることができる。

　Si の原子構造は第5.1図に示すように、一番外側の軌道に4個の電子（価電子という。）を持っており、純粋な Si の結晶（真性半導体）は第5.2図に示すように隣り合った他の4個の原子と価電子を2個ずつ共有して結合して

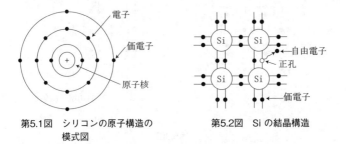

第5.1図　シリコンの原子構造の模式図　　　第5.2図　Si の結晶構造

いる。

　しかし、この束縛力は比較的弱く、外部から室温程度の熱などのエネルギーを得ると、価電子は共有結合の状態から飛び出して自由電子となる。電子は負電荷であるから、電子の抜けた穴は正電荷をもつことになるので正孔という。正孔は、近くの価電子を奪いとって中性になり、奪いとられた後にはまた正孔が生じる。これらを繰り返すことになるので、正孔も結晶内を動き回ると考えることにする。このような働きをする電子や正孔をキャリアといい、電気伝導は電子と正孔により行われる。

(1)　真性半導体

　電気的特性に影響を及ぼすような不純物を含まない Si（シリコン）、Ge（ゲルマニウム）等の単結晶半導体を真性半導体（Ⅰ形半導体）という。その純度は 99.999999999〔%〕でイレブンナインと言われている。真性半導体は温度が上昇すると、結晶内の価電子が自由電子になりやすいので、電気抵抗は減少する。

(2)　不純物半導体

　シリコン（Si）又はゲルマニウム（Ge）のように、価電子4個をもった物質では、第5.3図(a)のように、各原子は4個の価電子を互いに共有している。

　純粋な Si の結晶中に、As（ひ素）のような価電子5個の元素を不純物

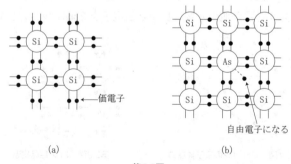

(a)　　　　　　　　　　　(b)

第5.3図

としてごく微量加えると、同図(b)に示すように、As の価電子 4 個は周囲
の 4 個の Si の価電子と共有結合の状態となる。残りの価電子 1 個は極め
て弱い力で As の原子核に拘束されているが、常温程度の熱エネルギーで
自由電子となり、結晶内を自由に動き回る。このように電子が多数キャリ
ア、正孔が少数キャリアの半導体を N 形半導体という。また、N 形半導体
を作るために用いる 5 価の不純物をドナーという。

　また、純粋な Si の結晶中に、In（インジウム）のような価電子 3 個の
元素を不純物としてごく微量加えると、第5.4図に示すように、In の価電
子は 3 個しかないので、周囲の Si と共有結合するには電子が 1 個不足す
る。そこで不足分を補うため、周囲の電子を奪うから正孔が結晶内を動き
回る。このように正孔が多数キャリア、電子が少数キャリアの半導体を P
形半導体という。また P 形半導体を作るために必要な 3 価の不純物をアク
セプタという。

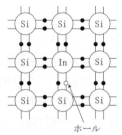

ホール

第5.4図

5.1.2　ダイオード

　ダイオードには、現在、多種多様のものが開発、
実用されており、ここでは、まず基本となる接合ダ
イオードについて解説し、次いで他の各種ダイオー
ドについて説明する。

(1)　接合ダイオード

　接合ダイオードは、第5.5図(a)に示すように P

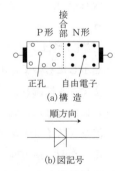

第5.5図　接合ダイオード

形半導体とN形半導体を結晶性を失わせずに接合したものである。その図記号を同図(b)に示す。

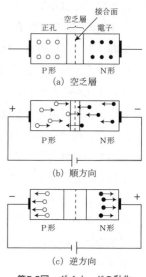

第5.6図　ダイオードの動作

　第5.6図(a)に示すように、電圧をかけなくても PN 接合部分の近くでは拡散現象によりキャリアが中和して空乏層（キャリアのない層）ができた状態で、平衡状態が保たれる。しかし、同図(b)のように接合ダイオードのN形に－、P形に＋の電圧（この状態を順バイアスという。）を加えると、N形の多数キャリアである電子は反発し、接合面を越えてP形領域に移動し、＋の電界に引き寄せられる。一方、P形の多数キャリアである正孔も反発し、接合面を越えてN形領域に移動し、－の電界に引き寄せられる。この結果、外部の回路に電流が流れる。このように加える電圧を順方向電圧という。次に、同図(c)のようにN形に＋、P形に－の電圧（この状態を逆バイアスという。）を加えると、N形内の電子は＋端子に、P形内の正孔は－端子にそれぞれ引き寄せられ、キャリアがなくなって空乏層が大きくなり、電流はほとんど流れない。このように電流の流れない向きに加える電圧を逆方向電圧という。

　第5.7図はダイオードの電圧電流特性を示したもので、電流は順方向電圧を加えたときに流れ、逆方向電圧を加えたときにはほとんど流れないので、整流、検波及びスイッチング素子として用いられる。なお、逆方向でも幾らか電流が流れるのは少数キャリアによるものである。

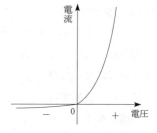

第5.7図　ダイオードの電圧電流特性

(2) 定電圧ダイオード

As や In を普通のダイオードより多く混ぜ
たシリコン接合ダイオードは、第5.8図(a)に示
すように、逆方向電圧が低い間はあまり電流は
流れないが、ある電圧になると急に増大する。
この現象はトンネル効果と電子なだれによるも
ので、これを降伏現象という。このときの電圧
をツェナー電圧（降伏電圧）といい、このツェ
ナー電圧は不純物の混合量によって変わり、大
電流を得られる。また、この降伏現象を起こし
ている範囲内では、電流の広い範囲にわたって

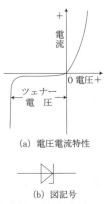

(a) 電圧電流特性

(b) 図記号

第5.8図　定電圧ダイオード

電圧が一定に保たれる性質がある。このような特性のダイオードを定電圧
ダイオード（又はツェナーダイオード）といい、その図記号を同図(b)に示
す。このダイオードは小型で寿命も長く、定電圧特性が良いので電源の定
電圧回路に広く用いられている。

(3) 可変容量ダイオード

接合ダイオードの接合部に生じる空乏層は
逆バイアスの状態でコンデンサ（この静電容
量を障壁容量という。）の働きをする。しかも、
この逆方向の電圧を変えると第5.9図のよう
に静電容量が変わるので、電圧制御の可変コ
ンデンサとして用いることができる。このよ
うな特性を持ったダイオードを可変容量ダイ
オード（バリキャップ又はバラクタダイオー
ド）といい、その図記号を第5.10図に示す。

このダイオードは、各種の同調素子や発振
回路の周波数可変素子、周波数変調回路の可
変リアクタンス素子などに多く用いられている。

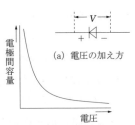

(a) 電圧の加え方

(b) 電圧変化と容量変化

第5.9図　可変容量ダイオード
　　　　の容量変化

第5.10図　可変容量ダイオー
　　　　ドの図記号

⑷　トンネルダイオード（エサキダイオード）

　　通常の接合ダイオードよりアクセプタ及
びドナーの濃度を高く（約1000倍）したダイ
オードの電圧電流特性は、第5.11図(a)に示す
ようにトンネル効果（不純物濃度が高いため
空乏層の幅が非常に狭いので、順方向電圧を
上げていくと電子が禁制帯（電子の存在を許
さないエネルギー帯）を通り抜けてしまう現
象）により負性抵抗領域が現れ、この電流は
蓄積効果や時間的遅れがないので、直流から
マイクロ波帯までの高速現象を取り扱うこ
とができる。このような特性を持ったダイ

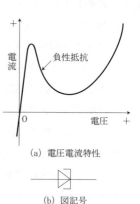

(a) 電圧電流特性

(b) 図記号

第5.11図　トンネルダイオード

オードをトンネルダイオード（エサキ*ダイオード）といい、その図記号
を同図(b)に示す。このダイオードは、マイクロ波の発振、周波数変換素子
及び高速電子スイッチなどに多く用いられている。

⑸　ガンダイオード

　　ガンダイオードは、N形ガリウムひ素
（GaAs）の結晶をある方向で切断した薄
板の両側に平行な金属電極をつけ、1
〔cm〕当たり数〔kV〕以上の直流電圧
を端子間に加え増加させていくと、第
5.12図のように負性抵抗を示してマイク
ロ波の発振を起こす特性（ガン*効果と

第5.12図　負性移動度特性

いう。）を持ったダイオードである。出力は小さいが、周波数可変範囲が
広く（100〔GHz〕まで）、かつ、低雑音である特徴がある。

⑹　発光ダイオード

　　GaAs又はガリウム燐（GaP）などの化合物半導体を用いた接合ダイオー
ドが、接合部で電子と正孔が再結合する際に、余ったエネルギーを光とし

---

*エサキ：江崎玲於奈（1925〜、日本の物理学者）
*ガン：John Battiscombe Gunn（1928〜2008、イギリスの物理学者）

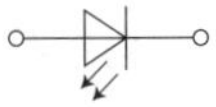

て放出する特性（エレクトロルミネセンスという。）を持ったダイオードを発光ダイオード(LED: Light Emitting Diode) といい、その図記号を第5.13図に示す。発光色は化合物の濃度や窒素亜鉛、

第5.13図　発光ダイオードの図記号

酸素等の添加物により赤、緑、青などで、赤外線用もあり、寿命が長く、効率が良く、かつ、高速動作であることから、デジタル計器の表示（数字・文字）や光通信の発振などに広く利用されている。

(7)　ホトダイオード

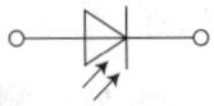

　　シリコン（Si）の PN 接合部に逆方向電圧を加えて光を照射すると、光のエネルギーによって、電子と正孔の対が発生し、これらが空乏層に移動して逆方向電流が流れる。この電流の大きさは光

第5.14図　ホトダイオードの図記号

の強さに応じて変化するが、逆方向電圧は関係がない。このような特性を持ったダイオードをホトダイオードといい、図記号を第5.14図に示す。このダイオードは光検出素子、光電読取素子及び光通信の検波器などに用いられている。

(8)　PIN ダイオード

　　PIN ダイオードは、Ｉ形半導体をＰ形半導体とＮ形半導体で挟んだ構造で、順方向電圧に対しては抵抗が低く、逆方向に対しては抵抗が高い。また順方向の電流によって抵抗が変化することを利用して、スイッチ・抵抗減衰器・変調・AGC 等に広く利用されている。

(9)　サイリスタ

　　サイリスタは、第5.15図(a)の図記号で表され、アノード(A)、カソード(K)、ゲート(G)の三つの端子（電極）から構成される。ゲート電流を流すことにより、アノードからカソードの方向に電流を流すことができるため、アノード−カソード間を導通させるスイッチング機能をもつ半導体素子である。その構造は、同図(b)に示すように P 形半導体と N 形半導体を交互に 2 層ずつ積層された PNPN の 4 層構造になっている。

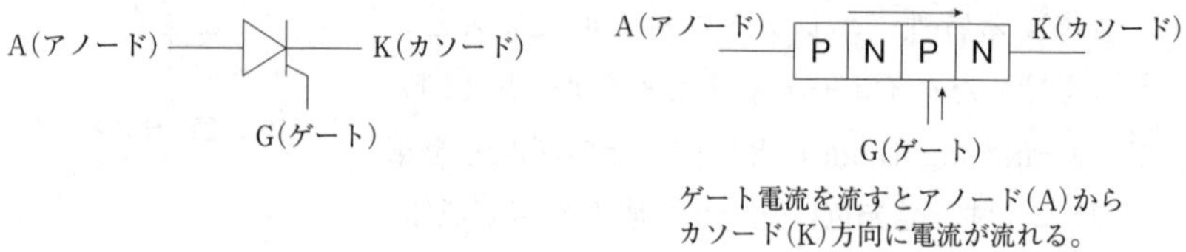

A(アノード)
K(カソード)
G(ゲート)
A(アノード)
P N P N
K(カソード)
G(ゲート)
ゲート電流を流すとアノード(A)から
カソード(K)方向に電流が流れる。

(a) 図記号　　(b) 構造

第5.15図　サイリスタ

5.1.3　トランジスタ

(1)　バイポーラトランジスタ

(A)　構造と動作原理

C
N
P
N
B
E
NPN形
C
P
N
P
B
E
PNP形

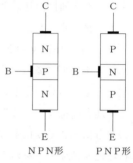

第5.16図　バイポーラトランジスタ

C
B
E
NPN形
C
B
E
PNP形

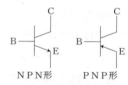

第5.17図　バイポーラトランジスタの図記号

バイポーラトランジスタには、第5.16図のようにP形半導体の間に極めて薄いN形半導体を挟んだ PNP 形と、N形の間にP形を挟んだ NPN 形とがある。

各半導体部分はエミッタ (E)、ベース (B)、コレクタ (C) と呼ばれ、リード線が引き出されている。図記号を第5.17図に示す。なお、図記号の矢印は電流の向きを示す。

NPN 形の方が、PNP 形より製造が容易なことから、広く用いられている。

動作原理は、エミッタ接地の場合を例にとると、第5.18図(a)のように NPN 形の各電極に電圧を与えたとき、E－B間には順方向電圧 V_{BE} が加わるから、エミッタ内の電子はベースに向かい、エミッタ電流 I_E が流れる。ベースに流れ込んだ電子の一部は、ベース内の正孔と結合してベース電流 I_B が流れるが、ベースは極めて薄くしてあり、C－B間には逆方向電圧 $V_{CE} - V_{BE}$ が加わっているので、大部分の電子はB－C接合面を越えてコレクタに入る。コレクタに流れ込んだ電子は多数キャリアであり、容易に電位の高いC端子に向かって流れ、コ

レクタ電流 I_C が流れる。したがって、I_E は I_B と I_C との和になる。ここで、I_B は I_C に比べて極めて小さく、その比はほぼ一定なので、I_B をわずかに変えることによって、I_C を大きく変えることができる。すなわち、同図 (c)のように I_B に信号 ΔI_B を重畳すれば、信号に比例して大きく変化した ΔI_C が得られるので、信号は電流増幅される。

　また、E－B間には順方向電圧が加わっているからE－B間の抵抗は小さく、C－B間は逆方向電圧となっているので、C－B間の抵抗は非常に大きな値である。したがって、負荷抵抗 R を大きな値にすることができるから、入力における小さな電流変化 ΔI_B がE－B間の小さな抵抗に加えられると出力側では大きな電流変化 ΔI_C による大きな電圧変化が負荷抵抗 R の両端に生じ、電流が増幅される以上に電圧と電力は増幅されることになる。このようなトランジスタでは電子と正孔の両者の働きで動作するのでバイポーラトランジスタといわれる。

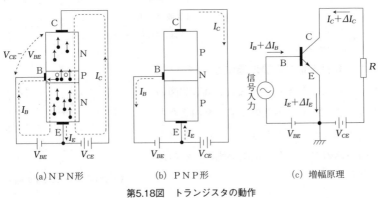

(a)ＮＰＮ形　　　　　(b)ＰＮＰ形　　　　　(c) 増幅原理

第5.18図　トランジスタの動作

　一方、PNP 形の動作は、NPN 形における電子と正孔とを置き換え、電極間電圧を第5.18図(b)のように逆にして、正孔と電子を入れ替えれば、同じように説明できる。

　第5.19図に示すように、トランジスタにはエミッタ接地、ベース接地、及びコレクタ接地の三つの接地方式があり、その特徴を第5.1表に示す。

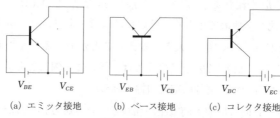

(a) エミッタ接地　　(b) ベース接地　　(c) コレクタ接地

第5.19図　各接地方式

なお、動作原理のところで説明したように、エミッタ接地の回路では、ベース電流 I_B をわずかに変えることによって、コレクタ電流 I_C を大きく変えることができるので、この比をとり

$$\beta = \frac{I_C}{I_B}$$

第5.1表　各接地方式の特徴

	エミッタ接地	ベース接地	コレクタ接地
入力インピーダンス	中	低	高
出力インピーダンス	中	高	低
電圧増幅度	中	大	なし
電流増幅度	大	なし	大
電力利得	大	中	小
周波数特性	悪い	良い	良い
位相（入力／出力）	逆相	同相	同相

をエミッタ接地の電流増幅率 β（ベータ：ギリシャ文字）という。また、第5.20図のように NPN 形の各電極に電圧を加えたとき、入力側のエミッタ電流により、どれだけ出力側のコレクタに電流が流れるかの比をとり

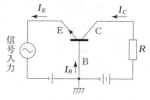

第5.20図　ベース接地の回路

$$\alpha = \frac{I_C}{I_E}$$

をベース接地の電流増幅率 α（アルファ：ギリシャ文字）という。なお、$I_E = I_B + I_C$ の関係があるから、これらの関係から α と β の間には、次のような関係式が成り立つ。

$$\beta = \frac{\alpha}{1-\alpha}$$

なお、一般のトランジスタでは $\alpha = 0.97 \sim 0.99$、$\beta = 40 \sim 400$程度である。

(2)　電界効果トランジスタ

(A)　電界効果トランジスタ（FET：Field-Effect Transister）の分類

　　FET は、電子または正孔のどちらかのキャリアだけで動作するから、ユニポーラ・トランジスタといい、次のようにいろいろな種類のものがある。

$$
\text{ユニポーラトランジスタ}
\begin{cases}
\text{接合形FET}
\begin{cases}
\text{Nチャネル形} \\
\text{Pチャネル形}
\end{cases} \\
\text{MOS形FET}
\begin{cases}
\text{ディプレション形}
\begin{cases}
\text{Nチャネル形} \\
\text{Pチャネル形}
\end{cases} \\
\text{エンハンスメント形}
\begin{cases}
\text{Nチャネル形} \\
\text{Pチャネル形}
\end{cases}
\end{cases}
\end{cases}
$$

(B)　図記号

　　それぞれの図記号を第5.2表に示す。

　　4つの端子は、ゲート（G）、ソース（S）、ドレイン（D）と呼ぶ。

　　また、MOS-FET では、二つのゲート G_1、G_2 があるが、普通 G_2 はソースに接続して使用するので、回路図では接続は省略する場合が多い。

(C)　FET の特徴

　　バイポーラトランジスタと比較すると

①　キャリアが1種類である。

②　電圧制御素子である。

③　接合形 FET では、ゲート電圧は

第5.2表

		Nチャネル形	Pチャネル形
接合形FET		ドレイン D／ゲート G／S ソース	ドレイン D／ゲート G／S ソース
MOS形FET	エンハンスメント形	D／G1 G2／S	D／G1 G2／S
	ディプレション形	D／G1 G2／S	D／G1 G2／S

逆方向電圧で、ゲートには電流が流れない。

　MOS-FET では、ゲート電圧は順、逆の両方向電圧を加えることができるが、ゲートには電流が流れない。

④　入力インピーダンスが非常に高い。

⑤　低雑音である。温度による影響も少ない。

(D)　接合形 FET

　(a)　基本構造と動作原理

　　Nチャネル形の基本構造を第5.21図に示す。

　　SとDは電極によりN形につながり、GはP形につながっている。このS－D間のN形領域をチャネルといい、電流の通路である。この通路がN形の場合をNチャネルという。

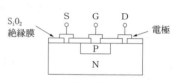

第5.21図

　　第5.22図の回路においてDとSの間に電圧 V_{DS} を加えるとD－S間はN形半導体であり、電子はS側からD側に移動し、DからSに電流 I_D が流れることになる。

　　G－S間に V_{GS}（負電圧）を加える

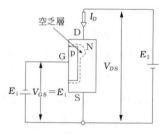

第5.22図

とPN接合部に電子も正孔も存在しない空乏層ができる。ゲートの逆電圧を増やしていくと空乏層は大きくなり、DとS間の電子の通り道（チャネル）が小さくなり、I_D は流れにくくなる。すなわち、V_{GS} で I_D を制御することができる。これらの関係を表したものが、第5.23図である。

　　なお、Pチャネルの場合は、文中のNとPを入れ換えればよい。

　(b)　特徴

　　第5.23図から、次のような特徴があることが分かる。

①　V_{GS} によってチャネル幅を変化させて、I_D を制御する。

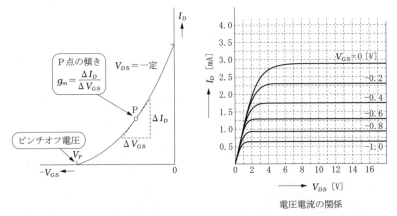

電圧電流の関係

第5.23図

- $V_{GS} < 0$ のとき I_D は流れる（$V_{GS} > 0$ では使用できない。）。

- V_{GS} が大きくなると、I_D が減少する。

- ΔV_{GS} と ΔI_D は、ほぼ反比例する。

② V_{DS} がある程度以上になると I_D は V_{DS} に依存しない。

③ I_G は流れない。

(E)　MOS 形 FET（絶縁ゲート形 FET）

ゲート部が金属（Metal）、酸化膜（Oxide）、半導体（Semiconductor）から構成されているので MOS 形という。デプレション形（Depletion Type）とエンハンスメント形（Enhancement Type）がある。

(a)　基本構造と動作原理

デプレション形のNチャネル形を第5.24図に示す。電極がN形でP形基板とし、P形半導体に薄い絶縁層を挟んで金属電極をつけると、そのP形半導体の絶縁層に近い部分には、自由電子が多く集まる性質がある。

このために、その部分はN形半導体と同じ性質をもつようになり、DS 間に電流を通す通路、すなわちチャネルができる。

$V_{GS} = 0$ のときでも V_{DS} がわずかにかかると、チャネル内の電子は V_{DS} によって移動する。V_{DS} が大きくなると、これによって第5.25図(a)

のようにチャネル内に正孔が誘
導されるようになり、同図(b)の
ようにチャネル幅が狭くなる。

このために、I_D は V_{DS} を増
加させてもチャネル幅によって
制限を受けるようになり、V_{DS}
に比例して増加せず次第に飽和
する。

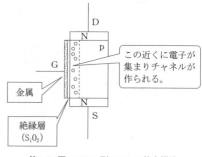

第5.24図　MOS 形 FET の基本構造

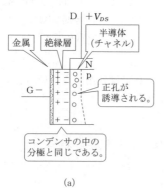

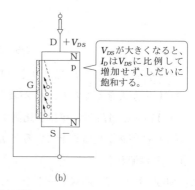

(a)　　　　　　　　　　(b)

第5.25図

また、V_{GS} を負の方向に大きくすると、チャネル幅が狭くなるので
I_D は次第に小さくなり、ついには流れなくなる。このときの電圧 V_{TH}
をしきい電圧という。

V_{GS} に正の電圧を加えた場合は、チャネルが広がるので、I_D が大き
くなる。これらの関係を表したものが、第5.26図である。

なお、Pチャネルの場合は、文中のNとPを入れ換えればよい。

(b)　特徴

① 　V_{DS} がある程度以上になると I_D は V_{DS} に依存しない。

② 　I_D は V_{GS} が正負の電圧範囲（$V_{GS} > V_{TH}$（正方向に））で制御される。

・$V_{GS} > 0$ でも I_D が流れる。

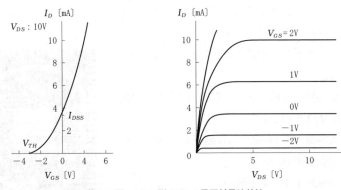

第5.26図　MOS 形 FET の電圧対電流特性

- $V_{GS} = 0$ でも I_D（特にこのときの I_D を I_{DSS} という。）が流れる。
- I_D が流れ始めるときの電圧 V_{TH} をしきい電圧という。

③　I_G は流れない。

(c)　エンハンスメント形

　デプレション形は、V_{GS} が加わることで、あらかじめ作られている
チャネルを狭くし I_D を減少させる特性をもっている。エンハンスメン
ト形は、V_{GS} を加えないときはチャネルが作られず、V_{GS}（正電圧）を
加えることによってチャネルが作られ、そのチャネルは V_{GS} を大きく
することによって広がり、I_D が増加する特性をもっている。

5.2　集積回路

　一つの基板に、トランジスタ、ダイオード、抵抗及びコンデンサなどの回
路素子から配線までを一体化し、回路として集積したものを集積回路（IC：
Integrated Circuit）という。

　IC には、シリコン基板を使う半導体 IC とセラミック基板を使うハイブ
リッド IC がある。このような IC を用いると、送受信機を非常に小型にでき、
高機能化が可能であるとともに回路の配線が簡単で信頼度も高くなるなどの

利点があるため、無線機器をはじめ多くの電子機器に使用されている。集積
回路には次のような特徴がある。

① 集積度が高く複雑な電子回路が超小型化で
きる。

② 部品間の配線が短く、超高周波増幅、広帯
域増幅性能がよい。

③ 大容量、かつ高速な信号処理が容易である。

④ 信頼度が高い。

⑤ 量産効果で単価が安い。

写真5.1 IC の例（内部拡大）

また、IC を更に高集積化したものが、大規模
集積回路（Large Scale Integration：LSI）や超
LSI（Very Large Scale Integration：VLSI）である。これらは、コンピュー
タの中央演算処理装置（Central Processing Unit：CPU）やメモリをはじめ
多くの電子機器、家電製品など、あらゆる分野で使用されている。

5.3 マイクロ波用電力増幅半導体素子

マイクロ波帯では高電力増幅器の増幅素子として、進行波管（TWT：
Traveling Wave Tube）が用いられていたが、最近の装置には半導体のマ
イクロ波電力増幅素子として直線性の優れた GaAsFET（ガリウム砒素
FET）や HEMT（High Electron Mobility Transistor：高電子移動度トラン
ジスタ）が用いられることが多い。なお、高電力が必要な場合には、電力増
幅器のモジュールを並列接続することで規格の電力を満たしている。

FET をマイクロ波のような非常に高い周波数帯で利用するためには、
FET の多数キャリアの速度を速くする必要がある。半導体内のキャリアの
移動速度は、加える電圧（印加電圧）を上げると速くなるわけではなく、途
中で不純物原子や結晶などと衝突して一定値に近づく。移動度（モビリティ：
Mobility）を比較すると、一般的な半導体のシリコンより GaAs（ガリウム

砒素）の方が数倍大きな値である。したがって、GaAs を用いることにより
高周波特性の優れた FET が得られる。

　半導体と金属との接触を利用するショットキー・ゲート形 FET の構造の
一例を第5.27図に示す。

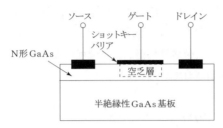

第5.27図　GaAsFET の原理的構造図

　動作原理は、ゲートに加えられる入力信号によってショットキーバリア直
下の空乏層の厚さを変化させることでドレイン電流をコントロールするもの
である。

　この基本原理に基づき、素子を並列に多数並べることで高周波特性の優れ
た電力増幅用の GaAsFET を得ている。

　このショットキー GaAsFET の自由電子の移動度を更に大きな値とした
のが HEMT である。HEMT では、第5.28図に示すように GaAsFET にお
ける半絶縁性 GaAs 基板を改良し、キャリアの衝突が少なくなる低不純物
濃度の GaAs による高電子移動度の層を生成して２層構造にすることで、
自由電子の移動速度をより上げ、高周波特性を改善している。

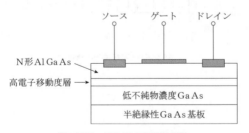

第5.28図　HEMT の原理的構造

5.4　電子管

5.4.1　概要

　マイクロ波帯では特殊な真空管であるマグネトロン、クライストロン、進行波管（TWT）などを用いて高出力を得ていたが、半導体技術やデジタル信号処理技術などの進歩により固体化装置に置き換えられている。ただし、TWT については、広帯域性に優れ、増幅度が大きく、高出力が得られるので一部の装置で使用されている。

5.4.2　進行波管（TWT）

　進行波管（TWT）はマイクロ波を増幅する電子管のなかで、広帯域高能率増幅や長寿命などの特徴から、マイクロ波通信回線、衛星通信地球局等の地上関係無線設備のほか、更に高信頼長寿命が要求される通信・放送衛星などの人工衛星搭載用として、利用されている。

　TWT は、高周波電界と電子流との相互作用による速度変調、密度変調過程でのエネルギー授受により増幅を行うが、このために遅波回路（ら旋低速波回路）を用いている。第5.29図に TWT の構造の一例を示す。

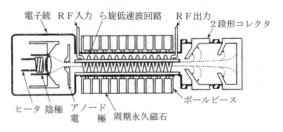

第5.29図　進行波管の構造

第6章 電子回路

6.1 増幅回路

6.1.1 増幅作用

　増幅作用については、前章のトランジスタの説明のところで一部触れたが、入力された信号を所要のレベルまで拡大することを増幅といい、そのための回路を増幅回路という。

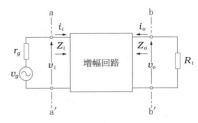

第6.1図　増幅回路

　送信機側では、送信部の出力（電力）を大きくして、給電線を通してアンテナから電波として送る。また、受信機側では受信部の出力（電力）を大きくして、スピーカを駆動している。

　このように増幅する目的は電力の大きさにあるから、入力信号の電力に対して出力信号の電力の比をとり、大きくなる度合を増幅度あるいは利得という。一般的に利得は対数表示のデシベル（単位記号dB）で表すことが多い。

　第6.1図に示す増幅回路において、入力端子 a、a′ の入力電力、電圧、電流を P_i、v_i、i_i、また出力端子 b、b′ の電力を P_o、v_o、i_o、とすると、電力増幅度は

$$A_p = \frac{P_o}{P_i} \ 〔倍〕$$

$$G_p = 10\log_{10}\frac{P_o}{P_i} \ 〔dB〕$$

となる。

　電流や電圧の増幅も電力の増幅に関係しているのでこれらの増幅度や利得は次の式のように表せる。

メ　モ

電流増幅度 　　　$A_i = \dfrac{i_o}{i_i}$ 〔倍〕

電流利得 　　　$G_i = 10\log\dfrac{P_o}{P_i} = 10\log\dfrac{i_o{}^2 R}{i_i{}^2 R} = 10\log\left(\dfrac{i_o}{i_i}\right)^2$

　　　　　　　　　$= 20\log\dfrac{i_o}{i_i}$ 〔dB〕

電圧増幅度 　　　$A_v = \dfrac{v_o}{v_i}$ 〔倍〕

電圧利得 　　　$G_v = 10\log\dfrac{P_o}{P_i} = 10\log\dfrac{\dfrac{v_o{}^2}{R}}{\dfrac{v_i{}^2}{R}} = 10\log\left(\dfrac{v_o}{v_i}\right)^2$

　　　　　　　　　$= 20\log\dfrac{v_o}{v_i}$ 〔dB〕

となる。ただし、第6.1図の端子 a、a′ 及び b、b′ から見たインピーダンスを R とする。

なお、第6.2図に示すように、増幅回路が何段か接続されたときの総合の増幅度 G は、デシベルで表すと、次式のように和の形で表される。

第6.2図　増幅回路の接続

$$G = G_1 + G_2 + G_3 \text{〔dB〕}$$

増幅回路は、当然、目的に応じた増幅度が要求されるが、同時にその回路内で発生するひずみ及び雑音ができるだけ小さく、かつ、安定であることも重要である。

6.1.2　増幅方式

増幅回路ではトランジスタのバイアス電圧（直流電圧 V_{BE}）の大きさと加え方及び入力信号の大きさにより、第6.3図に示すように、増幅動作は三つに分けることができる。なお、Ａ級とＢ級の中間であるＡＢ級も用いられることが多い。

(a)　動作点が特性曲線の直線部分の中央になるように加える方式で、この方式をＡ級増幅という。ひずみは少ないが入力信号の有無にかかわらず

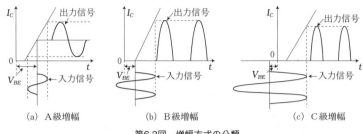

(a) A級増幅　　　　　　(b) B級増幅　　　　　　(c) C級増幅

第6.3図　増幅方式の分類

コレクタ電流が流れるので、効率が悪く、大出力を得るには不適当で、送信機の緩衝増幅、受信機の高周波・中間周波・低周波増幅に用いられる。

(b)　動作点をコレクタ電流が流れなくなるところに合わせる方法で、この方式をB級増幅という。無入力のときコレクタ電流が流れないので、効率はA級増幅に比べて良いがひずみが多い。送信機の変調回路や受信機の低周波増幅回路（電力増幅回路）として、2個のトランジスタを信号の正と負ごとに交互に動作させるプッシュプル増幅器や SEPP（Single Ended Push-Pull）回路などに用いられる。

(c)　(b)より深くバイアスを加える方法で、この方式をC級増幅という。効率は一番良く、大きな出力が得られるがひずみが多く、多くの高調波を生じる。このため、低周波増幅には不適当であるが、高周波などではコレクタ回路に同調回路を用いれば、希望周波数の電圧を取り出すことができるので、FM 送信機の周波数逓倍器や電力増幅器などに用いられる。

6.1.3　トランジスタ増幅回路

(1)　概要

トランジスタ増幅回路の一例を第6.4図に示す。

この回路は、ベース電流の変化によってコレクタ電流を制御する。この図から諸特性を求めると、次のようになる。

h パラメータの基本式から

$$v_{be} = h_{ie} i_b + h_{re} v_{ce} \qquad \cdots (6 \cdot 1)$$

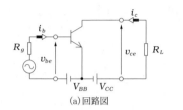 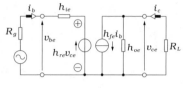

(a)回路図　　　　(b) h 定数等価回路

R_g ：信号源内部抵抗　　　v_{be} ：入力電圧　　　　h_{fe} ：電流増幅率
R_L ：負荷抵抗　　　　　　v_{ce} ：出力電圧　　　　h_{oe} ：出力アドミタンス
i_b 　：入力電流　　　　　　h_{ie} ：入力インピーダンス
i_c 　：出力電流　　　　　　h_{re} ：電圧帰還率

第6.4図　トランジスタ増幅回路

$$i_c = h_{fe}\,i_b + h_{oe}\,v_{ce} \qquad \cdots(6\cdot2)$$

で表される。そして、出力電圧 v_{ce} は

$$v_{ce} = -R_L\,i_c \qquad \cdots(6\cdot3)$$

以上の３式を用いて電流増幅度 A_{ie}、入力インピーダンス Z_{ie}、電圧増幅度 A_{ve}、電力増幅度 A_{pe} を求める。

(2)　**電流増幅度**

式 $(6\cdot3)$ を式 $(6\cdot2)$ に代入すると

$$i_c = h_{fe}\,i_b - h_{oe}\,R_L\,i_c \qquad \therefore\quad i_c\,(1 + h_{oe}\,R_L) = h_{fe}\,i_b$$

したがって、電流増幅度 A_{ie} は

$$A_{ie} = \frac{i_c}{i_b} = \frac{h_{fe}}{1 + h_{oe}\,R_L} \qquad \cdots(6\cdot4)$$

となる。

(3)　**入力インピーダンス**

式 $(6\cdot3)$ を式 $(6\cdot2)$ に代入すると

$$-\frac{v_{ce}}{R_L} = h_{fe}\,i_b + h_{oe}\,v_{ce}$$

$$\therefore\quad v_{ce} = \frac{-h_{fe}\,i_b}{h_{oe} + \dfrac{1}{R_L}} \qquad \cdots(6\cdot5)$$

この式 $(6\cdot5)$ を式 $(6\cdot1)$ に代入すると

$$v_{be} = h_{ie}i_b + h_{re}\left(\frac{-h_{fe}i_b}{h_{oe}+\dfrac{1}{R_L}}\right) = \left(h_{ie}-\frac{h_{re}h_{fe}}{h_{oe}+\dfrac{1}{R_L}}\right)i_b$$

よって、入力インピーダンス Z_{ie} は

$$Z_{ie} = \frac{v_{be}}{i_b} = h_{ie}-\frac{h_{re}h_{fe}}{h_{oe}+\dfrac{1}{R_L}} \qquad\cdots(6\cdot6)$$

(4) 電圧増幅度

式 (6・5) を変形し、式 (6・1) に代入する。

$$v_{be} = h_{ie}\left(\frac{h_{oe}+\dfrac{1}{R_L}}{-h_{fe}}\right)v_{ce} + h_{re}v_{ce} = \frac{h_{ie}\left(h_{oe}+\dfrac{1}{R_L}\right)-h_{re}h_{fe}}{-h_{fe}}v_{ce}$$

よって、電圧増幅度 A_{ve} は

$$A_{ve} = \frac{v_{ce}}{v_{be}} = \frac{-h_{fe}}{h_{ie}\left(h_{oe}+\dfrac{1}{R_L}\right)-h_{re}h_{fe}} \qquad\cdots(6\cdot7)$$

(5) 電力増幅度

$$A_{pe} = |A_{ie}A_{ve}| = \frac{{h_{fe}}^2}{(1+h_{oe}R_L)\left\{h_{ie}\left(h_{oe}+\dfrac{1}{R_L}\right)-h_{re}h_{fe}\right\}} \qquad\cdots(6\cdot8)$$

となる。

(6) 実用等価回路

実用的には $R_L \ll 1/h_{oe}$、$h_{re} \fallingdotseq 0$ の条件が成り立つので、第6.5図に示すような実用等価回路を用いる。

そして式 (6・4)、(6・6)、(6・7)、(6・8) は、次のような近似式となる。

$$A_{ie} = \frac{h_{fe}}{1+h_{oe}R_L} \fallingdotseq h_{fe} \qquad\cdots(6\cdot9)$$

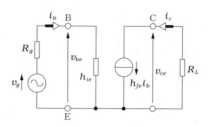

第6.5図　エミッタ接地の実用等価回路

$$Z_{ie} = h_{ie} - \frac{h_{re}\,h_{fe}}{h_{oe} + \dfrac{1}{R_L}} \fallingdotseq h_{ie} \qquad\qquad \cdots(6\cdot10)$$

$$A_{ve} = \frac{-h_{fe}}{h_{ie}\left(h_{oe} + \dfrac{1}{R_L}\right) - h_{re}\,h_{fe}} \fallingdotseq -h_{fe}\frac{R_L}{h_{ie}} \qquad\qquad \cdots(6\cdot11)$$

$$A_{pe} = \left|A_{ie}\,A_{ve}\right| \fallingdotseq h_{fe}{}^2\frac{R_L}{h_{ie}} \qquad\qquad \cdots(6\cdot12)$$

6.1.4　FET（電界効果トランジスタ）増幅回路

ユニポーラトランジスタ増幅回路の一例を第6.6図に示す。

この回路は、ゲート電圧の変化によってドレイン電流を制御（増幅）し、負荷抵抗 R_L の両端から（増幅された）電圧を取り出すものである。

I_D はわずかではあるが、V_{DS}（V_{DD}）に依存する特性（右肩上がり）をも

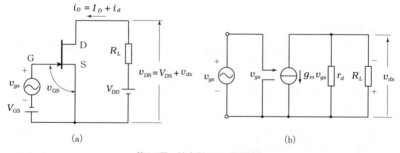

第6.6図　接合形 FET 増幅回路

つから、等価回路として制御電流源に並列にドレイン抵抗 r_d を接続する。

　また、ゲートとソース間に抵抗 r_g が存在するが、FET のゲートには電流が流れないから r_g は無限大とみなしてよく、等価回路から取り除く。

　ここで g_m は、$V_{GS}-I_D$ 特性の傾きを表し、単位は A/V であるからジーメンス、単位記号は〔S〕である。

　電圧利得 A_V は　　$A_V = -g_m \dfrac{r_d R_L}{r_d + R_L}$　　　　　　$\cdots(6 \cdot 13)$

となる。

　第6.7図は r_d が数十〔kΩ〕と大きく、一般に $r_d \gg R_L$ であるから r_d を省略したものである。

　この場合　$A_V = -g_m R_L$　　　　　　　　　　　　$\cdots(6 \cdot 14)$

となる。

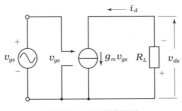

第6.7図　交流等価回路

6.1.5　差動増幅回路

　第6.8図に示すように、直流や超低周波を増幅するには、増幅回路にトランス結合や CR 結合増幅回路は使用できない。そのため、特性のそろった二つのトランジスタを組合せて、入力端子と出力端子をそれぞれ二つもった増幅回路である。

　この回路において、入力電圧 V_{11}、V_{12} を等しくした状態から、V_{11} を少し増加すると出力電圧が上昇する。

（この V_{11} 端子を＋入力端子で表す。）

また、V_{12} を少し増加すると出力電圧が低下する。

（この V_{12} 端子を－入力端子で表す。）

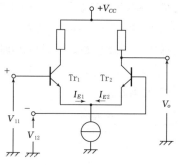

第6.8図　差動増幅器

このことから

入力が直流の場合

$$V_o = (V_{11} - V_{12}) A_V \qquad\qquad\qquad \cdots(6\cdot15)$$

入力が交流の場合

$$v_o = (v_1 - v_2) A_V = v_i A_v \qquad\qquad\qquad \cdots(6\cdot16)$$

　このように、入力電圧の差（差動入力電圧）が増幅され出力されるので、差動増幅器と呼ばれる。

6.2　発振回路

6.2.1　概要

　第6.9図のように、増幅回路（増幅度 A）へ帰還回路（帰還率 β）を通して出力の一部を入力と同相にして入力側に戻すと、増幅器の飽和特性で決まる振幅が続く現象を発振という。

　この帰還回路を含めた回路の増幅度 A_f は

$$A_f = \frac{A}{1 - A\beta} \text{ であるから}$$

　発振条件は $A\beta = 1$

となる。

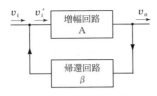

第6.9図 帰還増幅回路

6.2.2 PLL 発振回路 (Phase Locked Loop)

一例として、第6.10図に 25〔kHz〕ステップで 150～170〔MHz〕の安定した周波数を生成する周波数シンセサイザの構成概念図を示す。

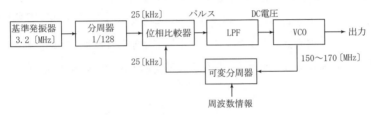

第6.10図 周波数シンセサイザの構成概念図

基準発振周波数の 3.2〔MHz〕を128分周して得られた非常に正確で安定した 25〔kHz〕は、位相比較器の一つの入力に加えられる。一方、バリキャップ（可変容量ダイオード）を用いた電圧制御発振器（VCO：Voltage Controlled Oscillator）の出力は、運用する周波数に応じた数で分周され、位相比較器のもう一つの入力に加えられる。位相比較器は、加えられた両者の周波数と位相を比較し、周波数差と位相差に応じたパルスを出力する。この出力されたパルスは、シンセサイザの応答特性を決める LPF によって直流電圧に変換され VCO のバリキャップに印加される。この結果、VCO の周波数が変化して、周波数及び位相が基準発振器からの 25〔kHz〕と一致したときにループが安定し、基準発振器で制御された安定で正確な信号が得られる。

例えば、150〔MHz〕が必要な場合には可変分周器で6000分周、170〔MHz〕

78

では6800分周することで 25〔kHz〕ステップの周波数を生成している。PLL
発振回路は、水晶発振回路と同等の周波数安定度と精度を有する周波数可変
の信号発生回路であり、送信機・受信機の構成には必要不可欠な回路である。

6.2.3　自励発振回路

共振回路が L 及び C からなっている発振回路を
LC 発振回路という。

代表的なコレクタ同調形の基本形を第6.11図に示す。

コレクタにある同調回路（共振回路）で振動を生じ
る。この振動が L_B、L_C 間の相互インダクタンスに
よってコレクタからベースへ帰還され、ベース電流を

コレクタ同調形
第6.11図　LC 発振回路

流す。ベース電流は、トランジスタによって増幅されコレクタに振動電流を
流す。この変化が再びベースに帰還されて発振を持続するようになる。

発振周波数 f は、L_C と C の同調回路より

$$f = \frac{1}{2\pi\sqrt{L_c\,C}} \ 〔\text{Hz}〕$$

となる。

6.2.4　水晶発振回路

水晶振動子とは、水晶の原石から特定の角度で板状に切り出した水晶片を

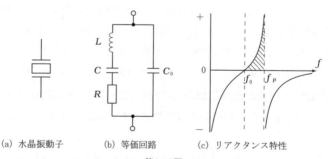

(a) 水晶振動子　　(b) 等価回路　　(c) リアクタンス特性
第6.12図

金属の電極で挟んだ電子部品をいう。第6.12図(a)にその図記号を示す。

　圧電現象とは、水晶片に電圧を加えると膨らんだり縮んだり振動するが、この押し付けたり緩めたりして起電力が生じる現象をいう。

　この等価回路は同図(b)のように表すことができる。ここに、C_0 は水晶片を誘電体とする電極間の静電容量である。

　　直列共振周波数は　　$f_0 = \dfrac{1}{2\pi\sqrt{LC}}$

並列共振時のリアクタンスは無限大となるので

　　並列共振周波数は　　$f_P = \dfrac{1}{2\pi\sqrt{L\dfrac{C \cdot C_0}{C + C_0}}}$

リアクタンス特性は同図(c)に示すとおり、f_0 と f_P は非常に接近しており、$f_0 < f < f_P$ の間だけ誘導性になるので安定した発振回路となる。

　第6.13図に示す回路は、ピアース BC 水晶発振回路といわれ、水晶振動子が誘導性で、ベースとエミッタ間が C_{BE} のため容量性、コレクタとエミッタ間の同調回路が容量性となるよう調整されたとき発振する。

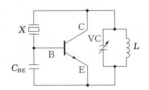

第6.13図　ピアース BC 水晶発振回路

　水晶発振回路は水晶振動子で決まる周波数の信号を発振しその発振周波数を可変することができないが、周波数安定度が自励発振回路と比べて極めて良いので用途に応じて用いられている。

6.3 アナログ方式変調

6.3.1 AM（Amplitude Modulation：振幅変調）

⑴ DSB（Double Side Band）

　第6.14図⒜のような振幅が一定の搬送波を、図⒝のような変調信号で振幅変調すると、振幅が変調信号の振幅に応じて変化し、図⒞のような変調波になる。したがって、変調信号の振幅が大きければ変調波の振幅の変化も大きく、変調信号の振幅が小さければ変調波の振幅の変化も小さい。

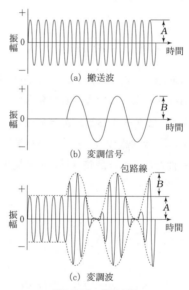

第6.14図　振幅変調

　搬送波の電圧 $v_c = A\cos\omega_c t$ を信号波電圧 $v_s = B\cos\omega_s t$ で振幅変調したとき、変調波電圧を v_{am} とすると

$$v_{am} = (A + B\cos\omega_s t)\cos\omega_c t$$
$$= A\left(1 + \frac{B}{A}\cos\omega_s t\right)\cos\omega_c t \quad\cdots(6\cdot17)$$
$$= A\left\{\cos\omega_c t + \frac{B}{2A}\cos(\omega_c+\omega_s)t + \frac{B}{2A}\cos(\omega_c-\omega_s)t\right\}\cdots(6\cdot18)$$

ここで $m=\dfrac{B}{A}\times100$〔%〕とおき、この m を変調度といい、通常は百分率で表す。

m が 100〔%〕以上になると、第6.15図に示すような変調波形となる。この状態を**過変調**という。

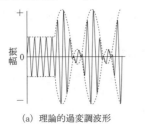

(a) 理論的過変調波形　　　　　(b) 実際上の過変調波形

第6.15図　過変調のときの波形

過変調はひずみを生じ、占有周波数帯幅を広げるので好ましくない。この占有周波数帯幅というのは、横軸に周波数、縦軸に出力をとって発射電波の出力分布（この分布状況をスペクトルという。）を見たとき、発射電波のエネルギーがどれくらいの周波数範囲に広がっているかを表すものである。

いま、周波数が f_c の搬送波を、周波数が f_s の変調信号で振幅変調すると、変調波には第6.16図に示すように f_c の搬送波の上下に f_c+f_s 及び f_c-f_s の周波数成分が生じる。そして f_c+f_s を上側波、f_c-f_s を下側波といい、

$$(f_c+f_s)-(f_c-f_s)=2f_s$$

を占有周波数帯幅という。

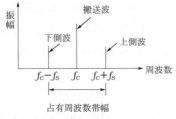

第6.16図　振幅変調波の周波数スペクトル

　変調信号が音声の場合は、第6.14図(b)のような単一波形でなく、変化の激しい複雑な波形で変調することになるので、変調波も変化の激しい複雑な波形になる。しかし、音声に含まれる周波数成分は、数 10〔Hz〕から3000〔Hz〕までが主体であるから、第6.17図に示すように、搬送波 $f_c \pm 3$〔kHz〕の範囲内に分布すると考えればよく、このときの占有周波数帯幅は 6〔kHz〕である。

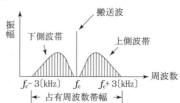

第6.17図　音声で振幅変調した周波数スペクトル

　このように、変調信号の成分は、上側波帯（USB：Upper Side Band）にも下側波帯（LSB：Lower Side Band）にも含まれており、上下両方の側波帯を伝送する方式が両側波帯（DSB）方式であり、電波の型式はA3E と表示する。

(2)　**SSB（Single Side Band）方式**

　USB も LSB も同じ内容の情報を含んでいるので、一方の側波帯を伝送すればよい。また、搬送波（キャリア）自身には情報が乗っていないので、搬送波も伝送する必要がない。搬送波の代わりに受信側での復調時に基準信号として搬送波相当の信号を注入すれば元の信号を復調できる。

　このように、片側の側波帯のみを送ることで情報を相手に伝える方式は、SSB と呼ばれ、一部の船舶や航空機の遠距離通信で用いられている。なお、SSB による無線電話は、占有周波数帯幅が DSB の半分の 3〔kHz〕で済み、周波数利用効率が良い。電波法における電波の型式の表記は J3E である。

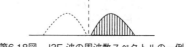

第6.18図　J3E 波の周波数スペクトルの一例

6.3.2　FM（Frequency Modulation：周波数変調）

周波数変調（FM）は、第6.19図(b)に示す変調信号（この例では単一信号）で搬送波の周波数を偏移させる方式である。このため、同図(c)が示すようにFM信号の振幅は一定となる。電波法における電波の型式の表記はF3Eである。

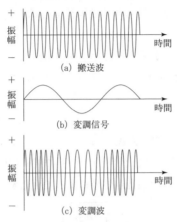

　　　　(a)　搬送波

　　　　(b)　変調信号

　　　　(c)　変調波

第6.19図　周波数変調信号

　FMでは搬送波の電圧を $v_c = V_c \sin\omega_c t$、信号波の電圧を $v_s = V_s \cos\omega_s t$ とすると、周波数は搬送波の中心角周波数 ω_c を中心に $\Delta\omega\cos\omega_s t$ だけ変化する。したがって、瞬時角周波数 ω_i は

　　$\omega_i = \omega_c + \Delta\omega\cos\omega_s t$ で表せる。

ここで、角速度の定義により

$$\omega_i t = \int_0^t (\omega_c + \Delta\omega\cos\omega_s t)\, dt = \omega_c t + \frac{\Delta\omega}{\omega_s}\sin\omega_s t$$
$$= 2\pi f_c t + \frac{\Delta f}{f_s}\sin 2\pi f_s t$$

したがって、得られる変調波 v_{fm} は次式で表せる。

$$v_{fm} = V_c \sin\left(2\pi f_c t + \frac{\Delta f}{f_s}\sin 2\pi f_s t\right) \qquad \cdots(6\cdot19)$$

Δf は信号波が最大振幅のときの搬送周波数 f_c からの周波数のずれを表すもので最大周波数偏移という。また $m_f = \dfrac{\Delta f}{f_s}$ を FM 波の変調指数という。

6.3.3 PM（Phase Modulation：位相変調）

PM は搬送波の位相を変調信号の振幅の変化に応じて変化させる変調方式であり、搬送波の位相 θ_c を変調信号の振幅に応じて

$$\theta = \theta_c + \Delta\theta\cos 2\pi f_s t$$

のように変化させたとき、得られる変調波 v_{pm} は

$$v_{pm} = V_c \sin(2\pi f_c t + \Delta\theta\cos 2\pi f_s t) \qquad\qquad \cdots(6\cdot20)$$

で表せる。$\Delta\theta$ は信号波が最大振幅のときの搬送波からの位相のずれを表すもので最大位相偏移といい、この $\Delta\theta$〔rad〕を m_P で表し、PM 波の変調指数という。

6.3.4 PLL による直接 FM 方式

第6.20図に示すように PLL 回路の VCO の制御電圧に音声信号を重畳させると VCO の発振周波数が音声信号によって変化する FM 波が得られる。

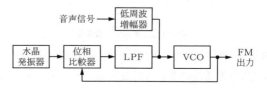

第6.20図　PLL による直接 FM 方式の構成概念図

この方式は、逓倍回路を用いないで必要な周波数偏移量を確保できるので、周波数混合器を用いて目的周波数に変換する第6.21図に示すような多チャネル FM 送信機などで広く用いられている。

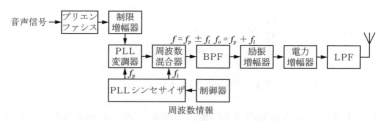

第6.21図　PLL 変調方式多チャネル FM 送信機の構成概念図

6.4　復調回路

6.4.1　AM 波の検波

　第6.22図(a)は振幅変調波の検波回路で、同調回路から出た変調波は、ダイオードの整流作用によって整流され、図(b)のような電流が流れる。コンデンサ C_1 は、この電流から高周波成分を取り除くためのものである。したがって、抵抗 R の両端の電圧は、変調信号と直流成分の合成電圧となるから、C_2 により直流成分を取り除けば、変調信号が取り出される。

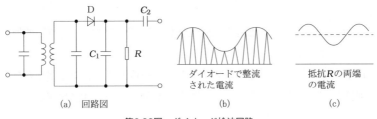

(a)　回路図　　　　　　　　(b)　　　　　　　　　(c)

ダイオードで整流された電流

抵抗 R の両端の電流

第6.22図　ダイオード検波回路

6.4.2　FM 波の検波

(1)　概要

　FM 波は、振幅が一定で、周波数が変調信号の振幅に対応して変化しているので、振幅変調の検波回路のみでは復調できない。このため、入力周波数に応じて出力電圧が変化する回路を通し検波する方式が採られている。

(2)　PLL 方式 FM 検波器（FM 復調器）

　FM 信号を復調する方式として第6.23図に示す PLL（Phase Locked Loop）検波が用いられることが多い。位相比較器（検波器）には FM 波 $f = f_0 + \Delta f$ と VCO の出力信号 f_{vco} が加えられ、両信号の位相が比較される。そして、位相差に応じて出力された誤差電圧 V_e は、LPF で平滑化され VCO の発振周波数を変化させる。最終的には、$f = f_{vco}$ の時点でループが平衡状態になる。

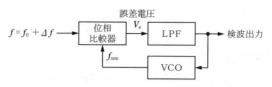

第6.23図　PLL 検波の構成概念図

　しかし、入力信号が FM 波の場合、その周波数が常に変化しているので、位相比較器の出力からは、周波数偏移 Δf に比例した誤差電圧が発生する。これにより周波数の変化が振幅の変化に置き換えられ、FM 検波出力となる。

　なお、この PLL 検波回路の直線性は、VCO の電圧－周波数変換特性などに依存する。

　FM 検波に用いられるフォスターシーリー検波器やレシオ検波器は、同調回路やコイルを用いており、調整を必要とするので IC 化が難しい。そこで、アナログ的な調整が不要の PLL 検波器を用いると、IF 回路、AGC、リミッタなどを構成するワンチップ IC の量産化が可能となる。

6.5　パルス変調

6.5.1　パルス波形

　ここでは、通信で用いられる一般的なパルスについて述べる。第6.24図に示すような周期性のあるパルスの場合、τ（タウ：ギリシャ文字）をパルスの幅、T を周期、$1/T$ をパルスの繰り返し周波数と呼んでいる。

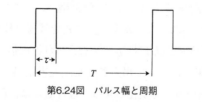

第6.24図　パルス幅と周期

　また、周期性パルスの鋭さを表す衝撃係数（デュティファクタ：Duty

Factor）D は次式で示される。

$$D = \frac{\tau}{T}$$

6.5.2　パルス変調の種類

　アナログ信号の振幅をパルスの変化に置き換える変調方式をパルス変調という。例えば、第6.25図に示すようにパルスの振幅、幅、位置、有無などに置き換える方式が利用されることが多い。このためにはアナログ信号を決められた時間間隔で、その大きさ（振幅）を切り出す標本化（サンプリング）を行う必要がある（シャノンの標本化定理（9.2.1参照））。また、PCM の原理はアナログ信号をデジタル信号化する手法として広く利用されている。

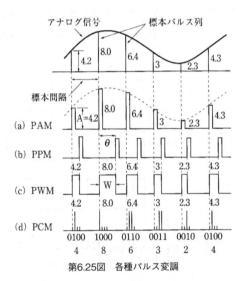

第6.25図　各種パルス変調

①　PAM（Pulse Amplitude Modulation：パルス振幅変調）
　　音声信号などの振幅に比例してパルスの高さを変化させる方式。
②　PPM（Pulse Position Modulation：パルス位置変調）
　　音声信号などの振幅に比例してパルスの位置を時間的に変化させる方

式。

③ PWM（Pulse Width Modulation：パルス幅変調）

　音声信号などの振幅に比例してパルスの幅を変化させる方式。

④ PCM（Pulse Coded Modulation：パルス符号変調）

　音声信号などをデジタル変換し「0」と「1」に対応する2値のパルスで伝送する方式。

6.6　伝送信号（ベースバンド信号）

デジタルデータ通信では2進数の「0」と「1」の2値で表現される情報は、電圧の有無または高低の電気信号に置き換えたベースバンド信号（Base band signal）として伝送される。ベースバンド信号には多種多様なものがあり、用途によって使い分けられる。基本的なものを第6.26図に示す。

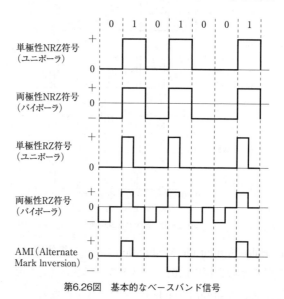

第6.26図　基本的なベースバンド信号

　NRZ（Non Return to Zero）は、パルス幅がタイムスロット幅に等しい符号形式で、高調波成分の含有率が小さく、周波数帯域幅の点で有利であるため、無線系で用いられることが多い。ただし、同じ符号が連続するとシンボルとシンボルの境目が区別できなくなり、同期のタイミング抽出が難しくなる。また、0電位とプラス電位の2値である単極性（Unipolar）パルスの場合には、直流成分が生じるのでベースバンド信号を伝送するような有線系で使用されることは少ない。

　RZ（Return to Zero）は、パルス幅がタイムスロット幅より短く途中で0電位に戻る符号形式で、シンボル期間中にゼロに戻るので同期が取りやすい。しかし、パルス幅が狭くなるので所要帯域幅が広くなり好ましくない。

　電子回路や有線系伝送路では、ベースバンド信号による直流成分の発生は好ましくないので、0電位を基準にプラス電位とマイナス電位で2値の「1」と「0」を表す直流成分を含まない両極性（Bipolar）を使用することが多い。

　AMI（Alternate Mark Inversion）は、「1」が出る度に極性を変えることで同期を取りやすくし、更に、直流や低周波成分を抑えたものであり、有線系で用いられることが多い。

6.7　デジタル方式変調及び復調回路

6.7.1　概要

　デジタル変調は、2進数の「0」と「1」の2値で表現される第6.26図に示すようなベースバンド信号によって、搬送波の振幅または位相または周波数を変化させるものである。

　搬送波のどのパラメータに情報を乗せるかによって特性が異なるので、用途に応じて適切なものが用いられる。変調方式を選定する際には、占有周波数帯幅、ビット誤り率、伝送速度、送信電力、移動体通信と固定通信の違い、通信の重要度などを十分に検証しなければならない。

6.7.2 種類

　ここで、ある信号波 $s(t)$ が次式で表されるとしてデジタル変調の基本的な事柄を述べる。

$$s(t) = A(t)\cos\{2\pi f_c t + \phi_m(t)\} \qquad\cdots(6\cdot21)$$

　ただし、$A(t)$：振幅、$\phi_m(t)$：位相、f_c：搬送波の周波数

　第6.27図は、2進数表現によるベースバンド信号「101101」によって1ビット単位でデジタル変調されたときの概念図であり、変調方式による違いを示している。

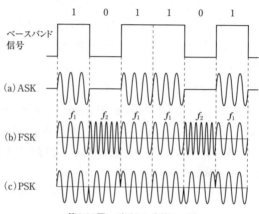

第6.27図　デジタル変調の一例

⑴　ASK（Amplitude Shift Keying：振幅シフト変調）

　ベースバンド信号の「0」と「1」に応じて第6.27図(a)に示すように式(6・21)における搬送波の振幅 $A(t)$ の値を切り換える方式である。同図(a)は振幅の有無に置き換えられた例である。なお、ASK は単独で用いられることは少ないが、直交する二つのASKを合成し、QAM として用いられている。

⑵　FSK（Frequency Shift Keying：周波数シフト変調）

　ベースバンド信号の「0」と「1」に応じて搬送波の周波数 f_c に対してある周波数だけ変化させる方式である。この例では「0」と「1」に応じて搬送波の周波数 f_c が f_2 と f_1 に変化している。占有周波数帯幅が広

くなるが、効率の良いC級の電力増幅器を利用できる利点がある。

　　FSKの変調指数 m は最大周波数偏移と変調信号のパルス幅 T との積で表される。すなわち、デジタル信号の「1」と「0」に対応する周波数を f_1 と f_2 とすれば $m = (f_1 - f_2) \cdot T$ となる。

⑶　MSK（Minimum Shift Keying）

　　MSK は FSK の特別な状態で変調指数が0.5の場合をいう。MSK は PSK に比べてメインローブ*の幅が広いが、変調に伴うサイドローブ*のレベルが低い特徴を有している。電力増幅器として効率の良いC級増幅器を用いることができる。一部の移動体データ通信で用いられている。

⑷　GMSK（Gaussian Filtered MSK）

　　GMSK は、MSK のサイドローブのレベルをガウスフィルタで低く抑えたものである。GMSK は周波数の有効利用の観点から有用な方式の一つであり、電力増幅器として効率の良いC級増幅器が利用でき、ヨーロッパを中心とする移動体通信の変調方式として用いられている。

⑸　PSK（Phase Shift Keying：位相シフト変調）

　　ベースバンド信号の「0」と「1」に応じて搬送波の位相 $\phi_m(t)$ を切り換えるものである。同図⒞に示した例は、「0」と「1」に応じて搬送波の位相が180度異なる BPSK（Binary Phase Shift Keying）と呼ばれる方式である。BPSK は1シンボルで1ビットの情報を伝送できる。

　　位相が90度異なる4種類の搬送波または信号を用いて情報を送るものは QPSK（Quadrature Phase Shift Keying）と呼ばれ、1回の変調で2ビットの情報を送ることができる。また、位相が45度異なる8種類の搬送波または信号を用いて情報を送るものは 8PSK と呼ばれ、1回の変調で3ビットの情報を送ることができる。8PSK は占有周波数帯幅の拡大を抑えて高速伝送する場合に用いられることが多いが、各信号を識別するための位相の余裕が少なくなるので BER（Bit Error Rate）特性が QPSK と比べて悪い。BER を維持するには、大きな送信電力または通信距離の短縮が必要となる。

---

*変調に伴い変調波のスペクトラムは広がりを持っている。メインローブは一番強い部分でその他の部分をサイドローブと呼んでいる。

(6)　QAM（Quadrature Amplitude Modulation：直交振幅変調）

　ベースバンド信号の「0」と「1」の組み合わせに応じて搬送波の振幅と位相を変化させる方式である。例えば、2組の4値 AM 信号を直交させて16通りの偏移を持つ信号によって情報を伝送する変調方式を16QAM という。16QAM は1回の変調で16値を表すことができるので4ビットの情報を伝送できる。しかし、受信電界強度が変化する移動通信にQAM を用いる場合は、等化器などによる補償を行う必要がある。

6.7.3　変調の種類とビット誤り率

　ビット誤り率（BER：Bit Error Rate）は、情報を送るために伝送した全てのビット数に対して受信側で誤って受信したビットの数として表される。例えば、1000ビットを送信した場合に受信側で1ビットの誤りが発生したとすると BER は 1/1000 となり、BER＝10^{-3} と表現される。

$$\text{BER} = \frac{誤った受信ビット数}{伝送した全ビット数}$$

　フェージングや干渉障害がない状態での復調器における *C/N* 値（Carrier to Noise ratio）に対する BER の関係を第6.28図に示す。この図から分かるように多値化に伴って高い *C/N* 値が必要となる。

　例えば、BER＝10^{-3} を得るための所要 *C/N* 値は、BPSK では 7〔dB〕であるが、16QAM の場合には 17〔dB〕、更に 64QAM になると 23〔dB〕程度が必要である。したがって、BER を維持するには送信電力の増強や高利得アンテナの使

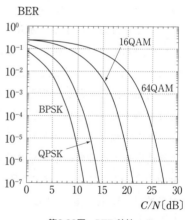

第6.28図　BER 特性

用などが求められる。また、通信距離を短くすることで BER を満たすのも
選択肢の一つである。

　回線設計では、求められる BER、伝送速度、占有周波数帯幅、送信電力、
アンテナ利得、伝搬損失、給電線の損失、受信機の感度、降雨減衰、回線マー
ジン、回線遮断率、経済性などを検証し、適した変調方式が決められる。

　移動体通信では無線局の移動に伴って受信電力が時々刻々変わるので、通
信状態の良いときに多値変調による高速伝送を行い、状態が悪いときには
BPSK や QPSK に変更する適応変調方式が用いられることが多い。

6.7.4　BPSK

(1)　**概要**

　BPSK は、ベースバンド信号の 2 値の情報を搬送波の位相の 2 値の違い
（180度の違い）に置き換えて伝送するもので、1 シンボルで 1 ビットの情
報を送ることができる。1 シンボルで複数ビットの情報を送れる方式と比
較すると、180度の位相差を利用しており余裕があるので良好な BER 特
性を示す。しかし、高速伝送を行うと占有周波数帯幅が広がる欠点がある。
C/N が悪い回線では有利であり、状況に応じて使い分けられる。

(2)　**変調**

　BPSK 波は、第6.29図に示す原理図のように搬送波とベースバンド信号
を平衡変調回路などを利用して乗算することで生成される。

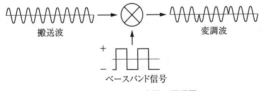

搬送波　　　　　　　　　　　　　　　　変調波

ベースバンド信号

第6.29図　BPSK 変調の原理図

(3)　**復調**

(A)　**概要**

　PSK 波を復調する方法には、大きく分けて同期検波と非同期検波（遅

延検波）の２種類があり、用途に応じて使い分けられている。

(B) 同期検波

　同期検波は第6.30図に示すように受信した信号から基準信号を生成（再生）し、得られた基準信号を受信信号に乗算して復調する方式である。複雑な基準信号再生回路を必要とするが BER 特性は遅延検波より優れている。しかし、回路が複雑であるため移動体通信には不利とされている。

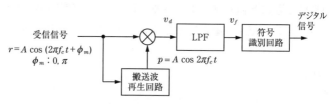

第6.30図　同期検波による BPSK 復調器

　ここで、受信 PSK 波 r は式 (6・22) で示されるとする。ただし、ϕ_m は 0 と π の２値のどちらかの値を取るものとする。また、基準搬送波 p は式 (6・23) で示されるとする。

　　受信 PSK 波：$r = A\cos(2\pi f_c t + \phi_m)$ 　　　　　　　　　　…(6・22)

　　基準搬送波：$p = A\cos 2\pi f_c t$ 　　　　　　　　　　　　…(6・23)

　乗算器の出力 v_d は次式で示される。

$$v_d = r \times p = A\cos(2\pi f_c t + \phi_m) \cdot A\cos 2\pi f_c t \qquad \cdots(6 \cdot 24)$$

この式を三角関数の公式で変換すると

$$v_d = \frac{A^2}{2}\{\cos(2\pi f_c t + \phi_m + 2\pi f_c t) + \cos(2\pi f_c t + \phi_m - 2\pi f_c t)\}$$

$$= \frac{A^2}{2}\cos(4\pi f_c t + \phi_m) + \frac{A^2}{2}\cos\phi_m \qquad \cdots(6 \cdot 25)$$

が得られる。

式 (6・25) の１項の高周波信号を LPF で除去すると LPF の出力 v_f は、

$$v_f = \frac{A^2}{2}\cos\phi_m$$

となる。

　BPSK 波の位相 ϕ_m は、0 と π の 2 値である。よって、出力は、$A^2/2$ を比例定数とすると、＋1 と－1 の 2 値が得られる。そして、符号識別回路で 2 進数の「0」と「1」に識別し、ベースバンド信号に置き換えられる。

• 2 乗方式による基準搬送波再生

　BPSK の同期検波に用いる基準搬送波を受信信号より再生する 2 乗方式について述べる。BPSK 信号の位相が 2 値で変化しても、第6.31図に示すように BPSK 信号を 2 乗回路に通すと出力側には、入力信号の位相に関係なく同相で周波数が 2 倍の信号として現れることを利用する。この信号を BPF で取り出し 1/2 分周回路を通過させると、同期検波に使用できる基準搬送波信号が得られる。

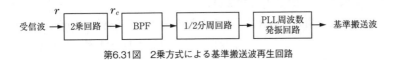

第6.31図　2乗方式による基準搬送波再生回路

　ここで、受信 PSK 波 r は式（6・22）で示されるとする。ただし、ϕ_m は 0 と π の 2 値のどちらかの値を取るものとする。

　　受信 PSK 波：$r = A\cos(2\pi f_c t + \phi_m)$

　受信 PSK 波 r を 2 乗した r_c は次式で示される。

$$r_c = r^2 = A^2\cos^2(2\pi f_c t + \phi_m)$$
$$= \frac{1}{2}A^2 + \frac{1}{2}A^2\cos 2(2\pi f_c t + \phi_m) \qquad \cdots(6\cdot26)$$

　式（6・26）の第 2 項は高周波成分を表しており、周波数と位相が 2 倍になっている。この結果、BPSK の変調に伴う位相の変化の影響を受けない $2f_c$ の信号が得られる。

　したがって、BPF で $2f_c$ の成分のみを取り出し、1/2 分周すると f_c が再生される。実用的には抽出された f_c を PLL 周波数シンセサイザの基準周波数信号として用いることで純度の良い信号を得ている。

(C)　遅延検波

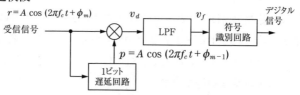

第6.32図　遅延検波による差動化 BPSK 復調器

　遅延検波は、情報を符号の「０」と「１」の絶対値に乗せるのではなく、連続する符号の前後の位相の変化に情報を乗せる差動位相変調信号の復調に用いられ、第6.32図に示すように受信側で基準信号を再生する必要がないので受信側の負担を少なくできる。この利点を生かして、移動体通信に適用されることが多い。ただし、一つ前の信号を基準信号として用いるので同期検波より BER 特性が悪い。

　遅延検波を用いる場合は、あらかじめ送信側で差動化（Differential）処理を行う必要がある。この差動化符号に対してDを付けて BPSK の場合には DBPSK、QPSK では DQPSK と表記される。

　ここで、受信 PSK 波 r は式（6・27）で示されるとする。ただし、ϕ_m は０と π の２値のどちらかの値を取るものとする。

　　　受信 PSK 波：$r = A\cos(2\pi f_c t + \phi_m)$ 　　　　　…（6・27）

１ビット遅延させた信号 p は式（6・28）で示される。

　　　１ビット遅延波：$p = A\cos(2\pi f_c t + \phi_{m-1})$ 　　　　　…（6・28）

受信波 r と１ビット遅延させた信号 p を乗算した v_d は次式で示される。

$$v_d = r \times p = A\cos(2\pi f_c t + \phi_m) \cdot A\cos(2\pi f_c t + \phi_{m-1}) \quad \cdots(6\cdot29)$$

式（6・29）を三角関数の公式で変換すると

$$v_d = \frac{A^2}{2}\{\cos(2\pi f_c t + \phi_m + 2\pi f_c t + \phi_{m-1})$$
$$+ \cos(2\pi f_c t + \phi_m - 2\pi f_c t - \phi_{m-1})\}$$
$$= \frac{A^2}{2}\cos(4\pi f_c t + \phi_m + \phi_{m-1}) + \frac{A^2}{2}\cos(\phi_m - \phi_{m-1}) \quad \cdots(6\cdot30)$$

が得られる。

式（6・30）の1項の高周波信号を LPF で除去すると LPF の出力 v_f は、

$$v_f = \frac{A^2}{2}\cos(\phi_m - \phi_{m-1}) \qquad \cdots(6\cdot31)$$

となる。

式（6・31）における位相の項 $(\phi_m - \phi_{m-1})$ は、位相の差分を表している。

　したがって、送信側で差動化した DBPSK 信号は、遅延検波回路で復調することができる。

6.7.5　多値変調

(1)　概要

　1回の変調で1ビットの情報しか伝送できない変調方式では、データの伝送速度を速くすると占有周波数帯幅が広くなり、周波数の有効利用の観点から好ましくない。このため、1度の変調で多くの情報を乗せられる多値変調が用いられる。

　一般に、多値化により高速伝送が可能となるが BER が劣化するので、BER の規格値を維持するためには送信電力、アンテナ利得、受信機の感度、通信距離などを適切な値にしなければならない。

(2)　QPSK（Quadrature Phase Shift Keying）

　日本国内のデジタル方式の陸上移動体通信、防災行政無線の「都道府県・市町村デジタル移動通信システム」、地上波デジタルテレビ放送のワンセグ放送などで用いられている4値の PSK である QPSK について簡単に述べる。

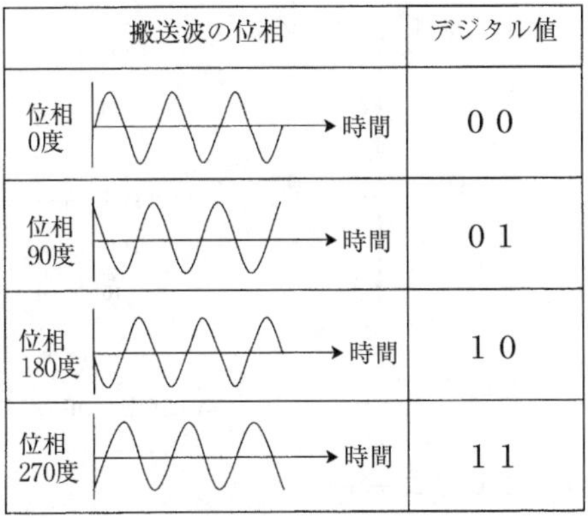

　QPSK は、第6.33図に示

第6.33図　搬送波の位相とデジタル値の一例

すように位相が90度異なる４種類の信号を用いて２ビットの情報を伝送するものである。

　例えば、「00101101」を送る場合は、第6.34図に示すように、２ビットずつ順番に、基準位相（０度）の信号、180度ずれた位相の信号、270度ずれた信号、90度ずれた信号が伝送される。受信側では受信した信号を復調し、位相を判定して復号する。

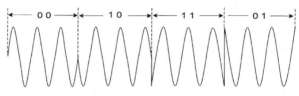

第6.34図　QPSK による信号

(3)　信号空間ダイアグラム

　QPSK の様子を直交座標で表すと第6.35図(a)のようになる。なお、位置を45度ずらすと同図(b)に示す信号配置となる。このような信号配置図は、信号空間ダイアグラム、または、星座に似ているのでコンスタレーション（constellation）と呼ばれ、各信号の位相関係が分かりやすいので広く用いられている。信号波形は、各位置と原点を結んだベクトルが原点を中心として回転したものになる。

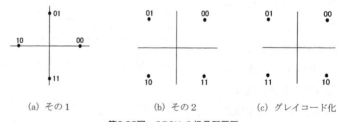

(a)　その１　　　(b)　その２　　　(c)　グレイコード化

第6.35図　QPSK の信号配置図

(4)　グレイコード

　受信時に「０」と「１」を誤って判定する確率は、位相が180度異なる

信号間より位相が90度異なる信号間で起きやすい。この様子を第6.35図(b)の信号配置図で見ると、隣接する象限の信号（符号）と誤る確率が高いことになる。例えば、「0 0」と「0 1」及び「1 0」と「1 1」間で誤ると、1ビット誤りが起きる。しかし、「0 0」と「1 1」及び「0 1」と「1 0」間で誤った場合は、2ビット誤りとなる。1回の変調で2ビットの情報を伝送し、2ビット誤りを起こすことは避ける必要がある。そこで、同図(c)のように隣接位置の符号を1ビット違いで割り当てるグレイ符号化が行われる。

(5)　QPSK 変調回路

　　QPSK 波は、第6.36図に示す構成概念図のように、搬送波を直接用いる cos 波と位相を $\pi/2$ 移相させた sin 波の直交性を利用して二つの BPSK 信号を合成することにより得られる。

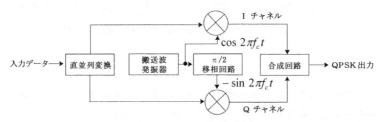

第6.36図　QPSK 変調回路の構成概念図

　　入力データは、直並列変換され同相（Inphase）のIチャネル系と直交（Quadrature）するQチャネル系に振り分けられる。そして、Iチャネル系へ振り分けられたデータは、搬送波の $\cos 2\pi f_c t$ と乗算され BPSK 波を生成する。一方、Qチャネルへ振り分けられたデータは、搬送波を $\pi/2$ 移相させた $-\sin 2\pi f_c t$ と乗算され BPSK 波を生成する。直交関係にある cos 波と sin 波によって生成された BPSK を合成すると QPSK 波が得られる。

(6)　QPSK 復調回路

　　QPSK 波を復調する回路の一例を第6.37図に示す。基準搬送波は、受信波より再生されるものとする。受信波を2分岐し、Iチャネルは基準搬送

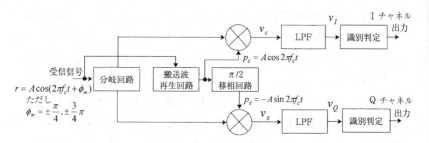

第6.37図　同期検波による QPSK 復調回路の構成概念図

波の cos 波で乗算し、LPF を通過させた後に識別することで復調パルス
を得る。Q チャネルは基準搬送波を $\pi/2$ 移相した sin 波で乗算し、LPF
を通過させた後に識別することで復調パルスを得る。

　ここで、受信 PSK 波 r は式（6・32）で示されるとする。ただし、ϕ_m
は $\pm\pi/4$ と $\pm3\pi/4$ を取るものとする。また、基準搬送波 P_c と P_s は、そ
れぞれ式（6・33）で示される。

　　受信 PSK 波：$r = A\cos(2\pi f_c t + \phi_m)$ $\qquad\cdots(6\cdot32)$

　　基準搬送波：$P_c = A\cos 2\pi f_c t$ および $P_s = -A\sin 2\pi f_c t$ $\quad\cdots(6\cdot33)$

I チャネルの乗算器の出力 v_c は、次式で示される。

$$v_c = r \times P_c = A\cos(2\pi f_c t + \phi_m)\cdot A\cos 2\pi f_c t$$

$$= \frac{A^2}{2}\{\cos(4\pi f_c t + \phi_m) + \cos\phi_m\}$$

$$= \frac{1}{2}A^2\cos(4\pi f_c t + \phi_m) + \frac{1}{2}A^2\cos\phi_m \qquad\cdots(6\cdot34)$$

よって、LPF の出力端の信号 v_I は、

$$v_I = \frac{1}{2}A^2\cos\phi_m \qquad\qquad\qquad\cdots(6\cdot35)$$

となる。

　I チャネルの出力は、ϕ_m の値により異なる値となり、符号識別判定で
0 と 1 の符号を割り当てると第6.1表のような符号が得られる。

一方、Q チャネルの乗算器の出力 v_s は、次式で示される。

$$v_s = r \times P_s = A\cos(2\pi f_c t + \phi_m)\cdot(-A\sin 2\pi f_c t)$$

$$= \frac{A^2}{2}\{\sin\phi_m - \sin(4\pi f_c t + \phi_m)\} \qquad \cdots(6\cdot36)$$

よって、LPF の出力端の信号 v_Q は、

$$v_Q = \frac{1}{2}A^2\sin\phi_m \qquad \cdots(6\cdot37)$$

となる。

　Q チャネルの出力は、ϕ_m の値により異なる値となり、符号識別判定で 0 と 1 の符号を割り当てると第6.1表のような符号が得られる。

第6.1表

ϕ_m	I チャネル	Q チャネル	符号
$+\pi/4$	+	+	0 0
$-\pi/4$	+	−	1 0
$+3\pi/4$	−	+	0 1
$-3\pi/4$	−	−	1 1

⑺　π/4 シフト QPSK

　第6.38図に示す 2 組の QPSK 信号配置図において、例えば、1 回の変調で「0 0」から「1 1」へ遷移する場合に同図(a)では、原点を通る遷移になり増幅器の直線性が要求されるが、同図(b)の「1 1」へ遷移するように

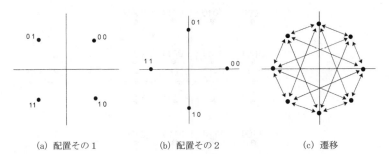

(a) 配置その 1　　　　(b) 配置その 2　　　　(c) 遷移

第6.38図　π/4 シフト QPSK の信号配置

変調の度に信号配置その1（同図(a)）と信号配置その2（同図(b)）を交互に変えると同図(c)のように原点を通らない遷移となる。これにより変調波の包絡線（エンベロープ）の変動が緩やかになり、増幅器や伝送回路などの直線性の要求が緩和され、設計が容易になる。更に、同じ符号が連続しても必ず位相が $\pi/4$ シフトするので同期が取りやすくなる。

このように $\pi/4$ シフト QPSK は、送信機の電力増幅器の非線形性に対する許容値を大きくでき、電源への負担も軽減されるので移動体通信に適した変調方式である。

⑻　16QAM（Quadrature Amplitude Modulation：直交振幅変調）

⒜　概要

PSK の多値化として、45度の位相差を持つ8つの搬送波を用いて1回の変調で3ビットの情報を伝送できる 8PSK が利用されている。しかし、位相を更に細分し、22.5度の位相差を持つ16の搬送波を用いて1回の変調で4ビットの情報を伝送できる 16PSK は、現時点の技術では BER が16QAM より悪い。このため、4ビットの情報を変調できる方式として16QAM が利用されることが多い。

16QAM は、デジタル信号の「0」と「1」で搬送波の振幅と位相を同時に偏移させることで情報を乗せる多値変調方式であり、防災行政無線の「市町村デジタル同報通信システム」、WiMAX（Worldwide Interoperability for Microwave Access）、携帯電話の高速データ伝送モードなどの変調

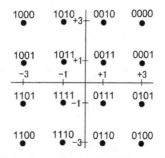

第6.39図　16QAM の信号配置図の一例

として広く用いられている。第6.39図に 16QAM の信号配置図を示す。

　しかし、多値化するとフェージングなどの影響を受けやすくなるので伝搬路の特性を補償する等化器を備える必要がある。

(b)　変調回路

　16QAM 信号は、第6.40図に示す構成概念図のように搬送波に同位相のＩチャネル信号と直交するＱチャネルで生成した４値の振幅変調信号（４値 AM)を合成することで得られる。入力データは、直並列変換されＩチャネル系とＱチャネル系に振り分けられる。

　したがって、ベースバンド信号の速度は 1/2 に下がることになり、周波数帯域幅に有利となる。そして、４値 AM 信号を生成するためにベースバンド信号が２値－４値変換される。また、Ｉチャネルの振幅変調には搬送波発振器で生成された信号が直接用いられ、Ｑチャネル系の振幅変調には搬送波を $\pi/2$ シフトしたものが用いられる。

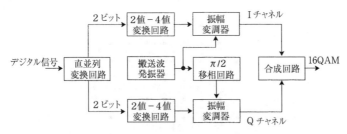

第6.40図　16QAM 変調器の構成概念図

(c)　復調回路

　16QAM 復調器の構成概念図の一例を第6.41図に示す。16QAM 信号は、Ｉチャネル信号系とＱチャネル信号系に分岐され、搬送波再生回路で生成された基準搬送波と $\pi/2$ 移相させた信号によって、それぞれ乗算検波される。そして、検波された信号を LPF に通し、４値の信号を得る。これを４値－２値変換して４系列の符号で出力する。

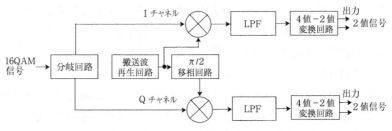

第6.41図　16QAM の復調器の構成概念図

(9)　64QAM

　更に、情報量の多い信号を高速伝送する場合は、1回の変調で多くの情報を高周波信号に乗せる必要があり、第6.42図に示すような信号配置図の64QAM が用いられている。この 64QAM は、1回の変調で6ビットの情報を送ることができ、地上波デジタルテレビ放送、WiMAX、マイクロ波多重無線装置などで用いられている。

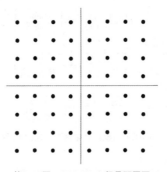

第6.42図　64QAM の信号配置図

　64QAM の場合は、16QAM と比較すると各符号が更に接近しているのでビット誤りが発生する確率が高くなる。また、振幅方向に更に情報を乗せているので、振幅の変動によって BER が悪化する確率が高い。規格のBER を満たすためには、大きな送信電力を必要とし、フェージングなどによる振幅の変動を補う等化器などを備える必要がある。

6.7.6　ビットレートとシンボルレートの関係

　ビットレートは１秒間あたりに伝送できるビット数、シンボルレートは１秒間あたりに伝送できるシンボル数である。ここで「シンボル」とは、同時に伝送できるデータのひとまとまりを指し、例えば QPSK では、第6.35図に示す信号配置のとおり同時に２ビットの情報を伝送できることから、２ビットで１シンボルを形成する。このことから、ビットレートを R_b〔bps〕、１シンボルあたりに伝送できるビット数を n〔bit〕、シンボルレートを R_s〔sps〕とすると、ビットレートとシンボルレートの関係は、次式で表される。

$$R_s = \frac{R_b}{n}$$

　QPSK でビットレートが20.0〔Mbps〕の場合、シンボルレートは10.0〔Msps〕である。64QAM は同時に6ビットの情報を伝送できることから、例えばビットレートが48.0〔Mbps〕の場合、シンボルレートは8.0〔Msps〕である。

第 7 章　通信方式

7.1　概要

　通信の送話と受話の方式として、送信中は受信ができない単信方式と電話のように送受信を同時に行う複信方式（同時送話方式）が用いられている。

7.2　単信方式

　例えば、A局とB局による通信の場合、A局が送信中はB局が受信し、逆にB局が送信中はA局が受信することで交互に情報を伝えるのが単信方式である。この単信方式は、無線通信で広く利用されている。なお、送信と受信の切換操作は、マイクまたは遠隔装置（制御器）などに取り付けられているプレストークボタン（PTT スイッチ：Press To Talk）によって行われる。

7.3　複信方式（同時送話方式）

　複信方式は、A局とB局が通信する場合、電話のように送話と受話が同時に行える通信方式である。携帯電話は複信方式によって運用されている。この方式は二つのチャネルを必要とするので、電話のように両者が同時に通話する必要がある場合に用いられることが多い。
　複信には送信と受信に異なる周波数を用いる FDD（Frequency Division Duplex）と呼ばれる方式や一つの周波数で送信と受信の時間を分ける TDD（Time Division Duplex）方式がある。

メ モ

第8章　多元接続方式

8.1　概　要

ある決められた周波数帯域（同一チャネル）で複数のユーザが通信を行う際、周波数、時間、符号、空間などの違いを利用してユーザに通信回線を割り当てることを多元接続方式と呼び、主に、次の方式が用いられている。

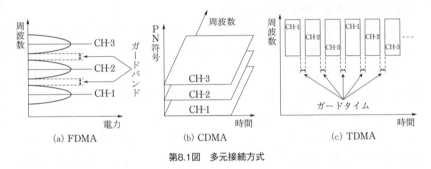

第8.1図　多元接続方式

8.2　周波数分割多元接続
（FDMA：Frequency Division Multiple Access）

　FDMA は、第8.1図(a)に示すように、割り当てられた周波数帯域で干渉が起きないようガードバンドを設けて個々のチャネルに周波数を割り当てる方式である。各ユーザは自分に割り当てられた周波数で情報を送信し、割り当てられた周波数を帯域フィルタなどで分離して受信する。FDMA は、一つのチャネルが一つのキャリアを用いる SCPC（Single Channel Per Carrier）方式がその代表例で、呼が発生するたびに周波数が割り当てられる DAMA（Demand Assignment Multiple Access）方式とすることが多い。デジタル変調とアナログ変調方式の両方に対応できる比較的簡単な方式である。複数の搬送波を同時に増幅する場合は、相互変調ひずみ（Inter Modulation Dis-

メモ

tortion）の発生を抑えるため、直線性の優れた増幅回路や補償回路を用いる必要がある。一般に、周波数の利用効率は良い。

8.3 符号分割多元接続
（CDMA：Code Division Multiple Access）

伝送する情報を一次変調し、更に拡散符号（PN 符号）で二次変調して発射電波のスペクトルを広帯域化させた場合、受信した信号から情報を取り出すには、送信時に用いられた PN 符号で逆拡散する必要があり、PN 符号が一致しない信号は、雑音電力となる。

この特性を利用して第8.1図(b)に示すように各チャネルに異なる PN 符号を割り当てることで多元接続を行うのが CDMA であり、携帯電話や無線LANなど多くの通信システムで用いられている。なお、CDMA は、拡散符号が一致しないと復号できないので秘話性に優れている。

CDMA の場合は周波数利用効率を、送信電力制御や干渉をある程度許容できる特徴を生かして改善している。また、CDMA による移動体通信は、隣接エリアで同じ周波数を用いることができるので、端末の移動に伴う通信状態の変化に応じて基地局を変えるハンドオーバの信頼性が TDMA に比べて高い特徴を有している。

また、多重波伝搬（マルチパス）による遅延波の各パスの位相を合わせ最大比合成するレイク受信により受信電力を増加させて受信信号の安定化を図り、通信の信頼性を向上させている。

しかし、CDMA では全ての移動局が同じ周波数で運用するので、遠くの局の弱い信号が基地局近傍に位置する局の強い信号に埋もれて基地局で受信できない遠近問題が生じる。この遠近問題の解決策の一つとして、移動局の送信電力を基地局からの下り回線で制御する送信電力制御が行われる。

8.4　時分割多元接続
（TDMA：Time Division Multiple Access）

　第8.1図(c)に示すように、チャネル毎に使用できる短い時間（タイムスロット）を個別に割り当てる方式である。時間を区切るので各チャネル間の同期が重要な役割を担うことになる。また、第8.2図に示すように各タイムスロット間に短い時間のガードタイムを設けて干渉を避けている。

G：ガードタイム　　　　　　　　　　時間

第8.2図　タイムスロットとガードタイム

　各ユーザは、割り当てられた自分のタイムスロットで送信し、割り当てられたタイムスロットの信号を受信することになる。

　TDMA の場合は同時に複数の信号を増幅しないので、相互変調ひずみ（IMD）に対する電力増幅器の設計が FDMA に比べると容易で電力効率も良い。また、運用上の柔軟性もあり、デジタル陸上移動体通信、衛星通信など多くのデジタル通信で用いられている。

　しかし、隣接する基地局は、混信を防止するため、互いに異なる周波数を用いる必要がある。したがって、TDMA による移動体通信は、移動局が基地局のサービスエリアを越える際に行われるハンドオーバに周波数の変更を伴うハードハンドオーバを用いるので、隣接基地局が同じ周波数で運用できる CDMA と比較して不利である。

8.5　直交周波数分割多元接続
（OFDMA：Orthogonal Frequency Division Multiple Access）

　OFDMA（直交周波数分割多元接続）は、第8.3図のように個々のユーザに使用チャネルとして直交周波数関係にある複数のキャリアを個別に割り当てる方式（マルチキャリア方式）である。

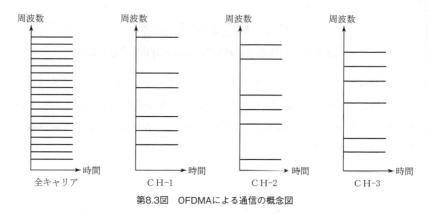

第8.3図　OFDMAによる通信の概念図

　OFDMA は、第8.4図に示すようにデジタル変調した多数のキャリアのスペクトルが、干渉しない直交周波数多重（OFDM：Orthogonal Frequency Division Multiplexing）技術を利用する。第8.4図に示すように各キャリア周波数では、隣接キャリアの変調スペクトルがゼロである。したがって、OFDM では各キャリアの変調スペクトルがゼロの点は、必ず隣接キャリアの周波数に一致する。よって、この周波数では隣接チャネルのエネルギがゼロとなるので干渉は生じない。

　OFDMA は、この干渉が生じない直交周波数配列されたキャリア群から、個々のユーザに使用チャネルとして多数のキャリアを割り当てることで多元

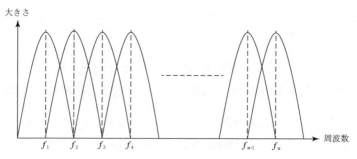

第8.4図　直交周波数配列の一例

接続を行う方式であり、WiMAX（Worldwide interoperability for Micro-wave Access）、4GLTE の携帯電話の下り回線などで利用されている。

第9章　無線通信装置(多重化装置を含む)

9.1　アナログ方式無線通信装置

9.1.1　SS-FM方式多重無線通信装置

　SS-FM 送受信装置は、SSB 信号による周波数分割多重された信号により主搬送波を FM する方式のマイクロ波多重無線装置である。SS-FM 無線装置は、第9.1図に示す構成概念図のように、端局装置、FM 送信機、FM 受信機、分波器（ダイプレクサ）、アンテナなどから成る。

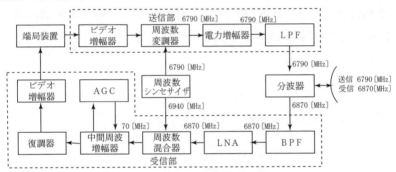

第9.1図　SS-FM 装置の構成概念図

　搬送波の 6790〔MHz〕は、多重化された信号によって周波数変調（FM）され、電力増幅器に加えられる。この FM 信号は、電力増幅器で増幅され規定の電力を満足させた後に、低域通過フィルタ（LPF）で高調波成分などのスプリアスが取り除かれ、分波器を通して給電線でアンテナに加えられ電波として放射される。

　一方、アンテナで捉えられた 6870〔MHz〕の微弱な信号は、送受信信号を分離する分波器を通して受信部の希望波のみを通過させる帯域通過フィルタ（BPF）に加えられる。この BPF を通過した信号は、低雑音増幅器（LNA）

メ　モ

で増幅され周波数混合器に加えられ、70〔MHz〕の中間周波数（IF）に変換される。この IF 信号は、可変利得増幅器と自動利得制御器（AGC）で構成される IF 増幅器で増幅され復調器に加えられる。復調器で復調された多重信号は、ビデオ増幅器で増幅され端局装置へ送られる。

9.2　デジタル方式無線通信装置の基礎

9.2.1　PCM（Pulse Code Modulation：パルス符号変調）方式

⑴　概要

　PCM は、アナログ信号の振幅を一定周期で取り出し、その大きさを表す一組のパルス列（符号）に変換する方法であり、第9.2図に示すように標本化、量子化、符号化と呼ばれる工程で行われる。受信側では復号器で得られた階段状信号を LPF に通し、平滑化することにより元のアナログ信号を再生している。

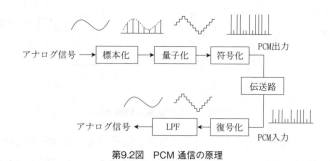

第9.2図　PCM 通信の原理

⑵　標本化（サンプリング：Sampling）

　原信号の振幅を一定周期で取り出すことを標本化またはサンプリングと呼び、この周期は標本化周期と呼ばれている。サンプリングの間隔は重要であり、元の信号に戻ることが条件である。この条件はシャノン*の標本化定理と呼ばれ「信号の最高周波数の２倍以上の周波数でサンプリングすれば元の信号を再現できる」というものである。電話の音声信号では帯域

---

*シャノン：Claude Elwood Shannon（1916〜2001、アメリカの数学者）

が 300〜3400〔Hz〕に制限されているので、サンプリング周波数は、シャノンの標本化定理から原理的に 6.8〔kHz〕でよいが、余裕をみて 8〔kHz〕とすることが多い。したがって、標本化周期は 1/8000＝125〔μs〕である。なお、サンプリング周波数は、放送、通信、音楽など、所望特性や許容される周波数帯幅などにより異なった値が用いられている。

　また、原信号に高い周波数成分が含まれていると、折り返し雑音と呼ばれる雑音が発生するので、標本化回路の入力段に折り返し雑音防止フィルタ（アンチエリアシングフィルタ）と呼ばれる LPF を設けて高い周波数成分を取り除いている。

(3)　量子化（Quantization）

　サンプリングにより取り込まれる振幅値を 2 値のパルスで表現させると非常に多くのビット数が必要となる。そこで、一定区間内の値を四捨五入などにより、一つの値に代表させる近似化が行われる。近似化の程度は、求められる特性や使用できるビット数によって異なる。

　量子化により得られる信号は、第9.3図(a)に示すようなステップ関数の伝達特性を持つ回路を通すことになるので、原信号の包絡線に沿った階段状の波形となる。このため、同図(b)に示すような振幅値に誤差（量子化誤差）が生じる。したがって、量子化のステップ数が多いほど信号電力対雑

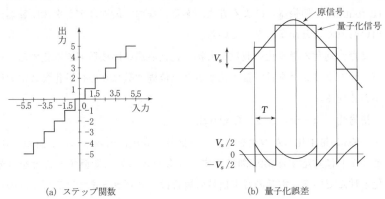

(a)　ステップ関数　　　　　　　(b)　量子化誤差

第9.3図　ステップ関数と量子化誤差

音電力比（*S/N*）が良くなることになる。

　直線量子化では、どの信号レベルに対しても同じステップ値で量子化されるので、信号が小さくなると *S/N* が悪くなる。

　これを改善する手法の一つとして、第9.4図に示すような非直線の伝達特性を持つ回路を用いて、小さな信号にはステップ数を増やして細かく量子化し、逆に、大きな振幅の信号に対しては、粗くする非直線量子化がある。

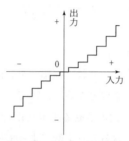

第9.4図　非直線の伝達特性

　信号の振幅の大小に関係なく良好な *S/N* を得る他の方法として、コンパンダ（Compandor：圧伸器）と呼ばれる送信側で信号を圧縮するコンプレッサ（Compressor：圧縮器）と、受信側で元に戻すエックスパンダ（Expander：伸張器）による方法がある。なお、最近はデジタル圧縮器が用いられることが多くなっている。

　また、通常の標本化周波数を大幅に超える高い周波数で標本化するオーバーサンプリングを行い量子化すると単位周波数当りの量子化雑音電力は小さくなる。

(4) 符号化（コーディング：Coding）

　一般に、量子化した数値をデジタル信号の表現に用いられる2値の「0」と「1」に対応する第9.5図に示すようなパルス列に変換することを符号化と呼んでいる。電話の音声信号の場合は、8ビットまたは7ビットの符号に変換されることが多い。なお、量子化と符号化を同時に行う比較的経

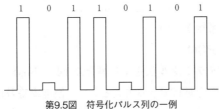

第9.5図　符号化パルス列の一例

済的で高速信号処理ができる A/D 変換器が広く用いられている。

(5)　復号化（D/A 変換）

　受信側では受信した PCM パルス列から情報を読み出し、アナログ値に変換するときに用いられるのが復号器（D/A 変換器：Digital to Analogue converter）である。ただし、得られるのは階段状の波形であり、この状態では元のアナログ波形は再生されない。

(6)　LPF（低域通過フィルタ）

　D/A 変換により得られた階段状の信号を LPF に通すと階段状の部分が平滑され元のアナログ信号が復元される。この LPF の遮断周波数や時定数などは、アナログ信号化する際に特性を決める重要な要素である。なお、復元されたアナログ信号と送信された原信号との差を補間雑音と呼んでいる。

(7)　PCM の特徴

　PCM にはアナログ方式と比べて次のような特徴がある。

①　受信機の入力端における *C/N* がある値以上の場合、出力端の *C/N* は良好に維持される。

②　再生中継では雑音やひずみが相加されないので多段中継での品質劣化が少ない。

③　準漏話雑音や熱雑音、フェージングの影響が少なく安定で信号の劣化に強い。

④　ルート変更や回線切換が容易である。

⑤　周波数分割多重方式のように高価なチャネルフィルタが不要である。

⑥　各種のメディアに対応可能である。

⑦　占有周波数帯幅が広い。

(8)　高能率符号化 PCM

　音声信号などをデジタル伝送する場合に 64〔kbps〕のビットレートを少し下げても品質を維持できる方式として、**高能率符号化 PCM** が用いられている。これには、サンプリングした値の絶対値ではなく、一つ前のサンプリング値との差をデータとして用いる差分 PCM（DPCM：differential PCM）、DPCM に音声の持つ一般的性質と人間の聴覚的性質から次に来る信号を予測する適応差分 PCM（ADPCM：Adaptive DPCM）などがあり 32〔kbps〕に圧縮される。なお、各種の圧縮方式が実用に供されており、状況に応じて適切な方式が用いられる。

(9)　PCM 多重

　ここでは一例として、音声信号（アナログ信号）をPCM多重する方式について述べる。

　電話の音声信号は、最高伝送周波数が 3.4〔kHz〕に制限されているので、第9.6図のように余裕を見て 8〔kHz〕のサンプリング周波数によって標本化される。したがって、標本化周期は、1/8〔kHz〕の 125〔μs〕である。この 125〔μs〕間隔をフレームと呼んでいる。しかし、1 フレーム内には他のパルスが存在しないので、このフレーム内に同様にサンプリングされた他のチャネルの信号を挿入することが可能である。

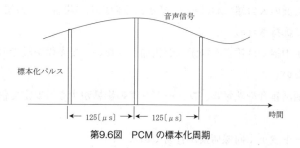

第9.6図　PCM の標本化周期

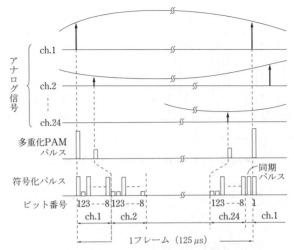

第9.7図　24 チャネル PCM 多重の概念図

　そこで、第9.7図に示すように標本化、量子化、符号化（コード化）により生成した各チャネルの PCM 信号を 1 フレームの 125〔μs〕内に配列させることで多重化する。

　各チャネルの信号は、7 ビットまたは 8 ビットで符号化（コード化）される。7 ビットでコード化される方式では、1 ビットの制御パルスが付加される。8 ビットでコード化される方式では、6 フレームに 1 回のみ 7 ビットでコード化し、その時に 1 ビットの制御パルスを付加することで高品質のPCM 信号を生成している。

　24 チャネル PCM では、第9.8図に示すようにフレーム同期用のパルスが第24チャネルの最後のパルスの次に挿入される。この結果、1 フレーム内のパルスの総数は、

　　24チャネル× 8 ビット＋同期パルス（フレーム用）

$$=24 \times 8 + 1 = 193 個 \qquad \cdots (9 \cdot 1)$$

である。

　したがって、タイムスロット t_s は、

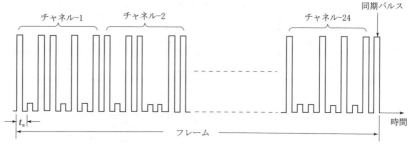

第9.8図　24チャネル PCM のフレーム構成概念図

$$t_s = \frac{125}{193} \fallingdotseq 0.65 \ (\mu s) \qquad\qquad\qquad \cdots(9 \cdot 2)$$

である。

　また、パルスの繰り返し周波数は、

　　8 (kHz)×(24チャネル×8 ビット＋1 ビット)＝1544 (kHz)　$\cdots(9 \cdot 3)$

である。

9.2.2　スペクトル拡散方式

(1)　概要

　情報信号で一次変調した搬送波を拡散符号（PN 符号：Pseudo Noise 符号）と呼ばれる特別な性質を持つ符号で更に二次変調すると、発射電波のスペクトルは広帯域化する。この広帯域化した信号には特徴的な性質があり、その性質の一つが同じ拡散符号を乗算する逆拡散を行わないと元の信号を取り出せないことである。

　この性質は多重化や多元接続方式として携帯電話、無線 LAN、GPS など多くの無線通信システムで利用されている。

　拡散符号によって発射電波のスペクトルを拡散する方式として、周波数成分を直接拡散する直接スペクトル拡散方式（DS：Direct Sequence）と発射する電波の周波数を順次変える周波数ホッピング方式（FH：Frequency Hopping）が、主に用いられている。ここでは、DS と FH 方式

の基本的な原理を簡単に述べる。

(2)　直接スペクトル拡散方式

　　直接スペクトル拡散方式では、第9.9図に示すように一次変調として伝送するデータを PSK（Phase Shift Keying）し、更に各チャネルに個別に割り当てられた拡散符号（PN 符号）を乗算して二次変調することでスペクトルを拡散した広帯域信号を発射する。

　　PN 符号は、「０」と「１」の出現確率が概ね等しくて自己相関が鋭く、他系列符号への相関が低い特性を持ち、擬似雑音系列と呼ばれている。その代表的なものとして、M系列や Gold 符号などがある。

　　拡散された後の帯域は、拡散符号がベースバンド信号より100〜1000倍程度のシンボルレートであるので非常に広くなる。このように直接スペクトル拡散により広帯域化すると受信される信号の単位周波数当たりのエネルギーが非常に小さくなる。シャノンの第二定理*によれば、通信容量 C は、

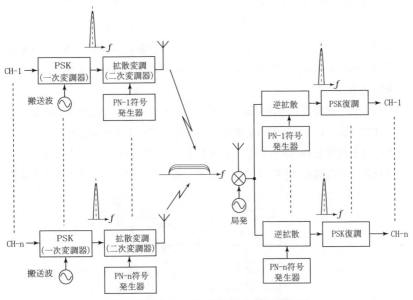

第9.9図　直接スペクトル拡散方式多重の概念図

---

*シャノンの第二定理（通信路符号化定理）：通信路の雑音レベルによらず、デジタル通信の伝送レートが通信路容量未満であれば、符号化方法を工夫することにより誤り率をいくらでも下げることができ、逆に伝送レートが通信路容量より大きければ、どんなに工夫しても誤り率は一定より下げることができないという定理。

伝送路における信号電力を S、雑音電力を N、周波数帯域幅を B とすると、

$$C = B \log_2 \left(1 + \frac{S}{N} \right) \ \text{(b/s)} \qquad \cdots (9 \cdot 4)$$

で示される。

すなわち、この式は *S/N* が悪い状況下での広帯域信号による情報伝送の可能性を示している。

一方、スペクトル拡散された信号を復調するには、送信側で用いたのと同じ拡散符号（PN 符号）を乗算する逆拡散を行う必要がある。そして、異なる PN 符号の信号は、復調されない（秘話効果がある）。

したがって、一つの搬送波（キャリア）を用いて、チャネルごとに異なる PN 符号で拡散した信号を多重化して伝送し、受信側において当該 PN 符号で逆拡散することでチャネルごとの信号を分離抽出できる。

また、この逆拡散処理によって、インパルス性ノイズや移動体通信で発生し易い複数の通信路を経て受信されるマルチパス波を分離することが可能となる。この性質は携帯電話システムなどで利用され、通信品質の向上に役立っている。更に、受信機で行われる逆拡散によってスペクトルが拡散されるので狭帯域干渉波が存在しても障害が生じ難い利点がある（干渉抑圧効果）。

なお、一次変調と二次変調の順番を逆にしても同じ結果が得られる。第9.10図に示すように最近の装置では、最初にデジタル符号化された送るべき信号と拡散符号（PN 符号）の乗算を行って高速ビット列を生成し、この信号で搬送波を PSK する方式が多く用いられている。この方式の場合

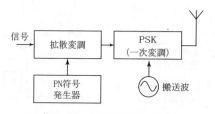

第9.10図　拡散を先に行う方式

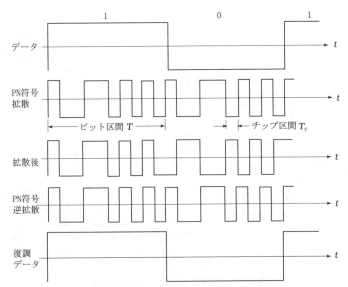

第9.11図　PN 符号による拡散と逆拡散の様子

には、拡散をデジタル回路素子のみで簡単な構成で実現でき、IC 化が容易である。更に、デジタル変調の前に帯域制限フィルタを挿入でき、不要発射の軽減に有利であり、実用回路として用いられることが多い。

　ここで、PN 符号による拡散について簡単に述べる。PN 符号のパルス幅をチップ区間 T_c と呼び、その逆数をチップ速度と呼ぶ。ビット区間 T とチップ区間 T_c は、$T \gg T_c$ に選ばれ、一次変調信号のシンボル速度に比べてはるかに速い速度で切り換えられる。また、T と T_c の比は拡散率と呼ばれ、100〜1000程度に設定されることが多い。

　このように、各ユーザに異なる PN 符号を割り当て、その PN 符号でスペクトルを拡散することで、一つの周波数帯域に多数のユーザの信号を多重するのが符号分割多重方式（Code Division Multiplex：CDM）である。

(3)　周波数ホッピング方式

　周波数ホッピング方式では、第9.12図に示すように一次変調された信号を、更に発振周波数を次々と変えるホッピングシンセサイザで遷移させ、

方式では極めて短い時間、その周波数に留まる形式も使用されている。実用例では、周波数を 1 秒間に1600回程度ホッピングさせている。パソコン本体と周辺機器の接続や無線 LAN などで使用されているブルートゥース（Bluetooth）は、FH 方式を用いている。

9.2.3　直交周波数分割多重方式
（OFDM：Orthogonal Frequency Division Multiplexing）

(1)　概要

　移動体通信においても情報量の増加などにより高速伝送能力が要求されるようになっている。高速化に伴って問題になるのが、第9.14図に示すように複数の伝搬路を経由して受信地点に到来する遅延波の存在である。これを多重波伝搬（マルチパス伝搬）と呼んでいる。なお、アナログテレビ放送受信時のゴーストもマルチパス伝搬が原因であることが多い。

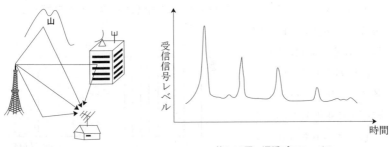

第9.14図　マルチパス　　　　　　　第9.15図　遅延プロファイル

　例えば、第9.14図に示すようなマルチパスが存在する伝搬路における伝搬時間とレベルを表す遅延プロファイルは、最初に伝搬遅延時間が最も短い直接波が大きなレベルで到来し、順次、遅延波が到来する第9.15図のような特性になることが多い。遅れて到達する信号は、先に到達している信号に重なり、波形ひずみなどを生じさせ、デジタル信号の符号間干渉を引き起こし、BER を劣化させることがある。このため、マルチパスによる遅延波に強い通信方式（耐多重波伝搬通信方式）を用いなければならない。

更に、デジタル無線通信による高速伝送は、周波数帯幅の広帯域化を伴うことが多いので、周波数利用率の優れた方式とする必要がある。

　この解決策の一つとして、多数のキャリアを互いに干渉しないように、ある原理に基いた周波数間隔で並べて多重化する直交周波数分割多重（OFDM：Orthogonal Frequency Division Multiplexing）が実用に供されている。OFDM は地上波デジタル放送の方式として知られているが、無線 LAN や広域高速無線アクセスの WiMAX（Worldwide Interoperability for Microwave Access）にも用いられており、遅延波が発生しやすい環境で高速伝送を可能にする方法の一つである。

(2)　**OFDM の原理**

　OFDM は、高速のビット列を多数のキャリアを用いて周波数上で分散（並列伝送）して伝送することで、キャリア 1 本当たりの変調速度（シンボルレート）を低くして、マルチパスによる遅延波の影響を軽減するものである。また、OFDM は、各キャリアの周波数間隔 Δf を変調シンボル長 T_s の逆数の $\Delta f = 1/T_s$ として、第9.16図のように配列することにより各キャリアのスペクトルが相互に干渉しないようにしたマルチキャリア変調方式である。

　このようにデジタル変調した多数のキャリアの

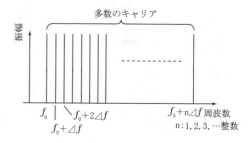

第9.16図　OFDM の周波数配列

スペクトルが互いに干渉を与えず独立していることを直交（Orthogonal）関係にあるという。OFDM と呼ばれるのは、このためである。

　OFDM では第9.17図に示すように、各キャリアを $\Delta f = 1/T_s$ の周波数間隔で配列しているので、スペクトルがゼロの点は、隣接のキャリア周波数に一致することになる。この一致する点は、隣接キャリアのレベルが最

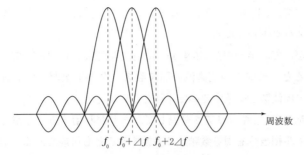

第9.17図 OFDM の周波数の直交

大の点である。受信側では、このタイミングでサンプリングすることで干渉を受けずに符号を識別できる。

(3) OFDM の生成

第9.18図(a)に示すような両極性 NRZ パルスの周波数スペクトルは、同図(b)のようにシンボル長 T_s の逆数である $1/T_s$ の周波数間隔でゼロにな

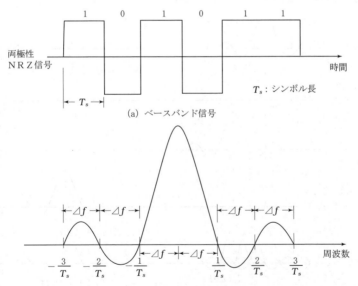

(a) ベースバンド信号

(b) NRZベースバンド信号の周波数スペクトル

第9.18図 シンボル長と周波数スペクトル

る。そして、QPSK や QAM などのデジタル変調した場合も概ね同様の
周波数スペクトルになる。

　したがって、第9.19図に示すように周波数間隔 $\Delta f = 1/T_s$ でキャリアを
配列すると、デジタル変調波の周波数スペクトルがゼロである点が隣接
キャリア周波数と一致するので干渉しない。

　OFDM では各キャリアを分割してユーザが利用することができ、必要
なチャネル相当分を周波数軸上に多重することも可能である。地上波デジ
タルテレビ放送では、13セグメントに分割しており、その一つは移動受信
用のワンセグと呼ばれている。残りの12セグメントを使用してハイビジョ
ン相当の放送を行っている。デジタル変調では、適応変調のように変調方
式や伝送速度を通信回線の状況に応じて最適値に変えるような場合を除
き、シンボル長 T_S を一定値として用いることが多いので、OFDM のよ
うに隣接キャリアを直交条件にて配列することができる。しかし、各キャ

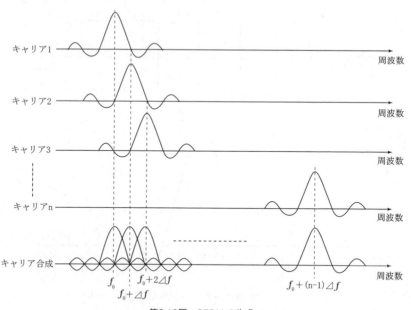

第9.19図　OFDM の生成

リアの周波数変動や端末の移動に伴うドップラーシフトなどにより、直交関係が崩れることがあり、周波数の安定化や精度管理技術が求められる。更に、適切なキャリア本数とキャリア間隔は、使用状況に応じて最適値を選定することが重要である。

(4)　ガードインターバル

　デジタル通信ではマルチパス伝搬による遅延波によって符号間干渉が発生し、回線の BER が悪化することが多い。特に、データの伝送速度が高速になるに従ってデータシンボル長に対して遅延波と直接波との時間差が無視できなくなる。この時間差が少ないと重なる部分が少ないので影響は小さいが、逆に時間差が大きくなると、重なる部分が増えるので影響が大きくなる。

　OFDM では第9.20図に示すようなガードインターバル（GI：Guard Interval）という緩衝区間を付加し、この時間を適切に選ぶことにより、マルチパス伝搬による遅延波が原因で起きるシンボル間干渉を効果的に軽減することができる。

　第9.20図(a)のようにガードインターバルがない場合には、遅延波によっ

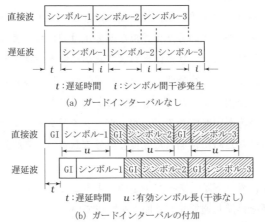

第9.20図　ガードインターバルの効用

　て異なるシンボルが干渉を受けることになる。一方、同図(b)のようにガードインターバルを付加すると、ガードインターバル長を超えない限りマルチパス波による符号間干渉は発生しない。

　ガードインターバルとして、第9.21図に示すように有効シンボルの後半の一部分をコピーしてシンボルの一番前に付加することで急激な変化を抑え、隣接シンボルへの影響を軽減している。

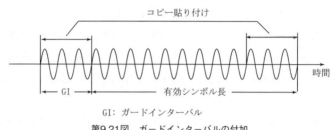

GI: ガードインターバル

第9.21図　ガードインターバルの付加

　例えば、地上波デジタルテレビ放送のモード3におけるガードインターバル長は、有効シンボル長の 1/4、1/8、1/16、1/32 から選択できる。有効シンボル長は、1.008〔ms〕であるから 1/4 にすると 252〔μs〕、1/32 の時には 31.5〔μs〕となる。

　遅延時間の長いマルチパスに対応するにはガードインターバル長を長くする必要があるが、その分だけ冗長な部分が付加され、実質的な信号の伝送速度が低下するので、状況に合わせて適切な値を選定する必要がある。

　同一シンボルによる符号間干渉は、基準信号として挿入したパイロット信号を用いて修復することができる。しかし、異なるシンボル間での符号間干渉は、修復が困難である。なお、ガードインターバルは、シンボル間干渉を軽減するために付加した冗長な部分であるので最終的に受信側で除去される。

　このようにガードインターバルを挿入することで、マルチパスによる遅延波の影響を軽減し通信品質の向上を図っている。

9.2.4　パケット通信方式

(1)　**概要**

　　パケット（Packet：小包の意味）とは、送信しようとするデータを一定の長さに分割し、それぞれに宛先などの制御情報をつけたものである。

(2)　**原理**

　　第9.22図に示すように、端末装置から送出されたデータはパケットに分解されたのち交換機の記憶装置に蓄積され、伝送回線の空いている時間に着信側の交換機に伝送され、再び記憶装置に蓄積され、元のデータに組立てられて宛先の端末装置に送出される。

　　パケット通信方式は、パケット単位で伝送経路を制御するため、パケット交換方式とも呼ばれている。

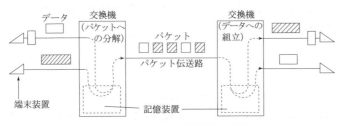

第9.22図　パケット通信方式の原理

(3)　**パケットの内容**

　　第9.23図にパケットの内容の一例を示す。データは交換機内で一定長（例えば2048ビット）のパケットに分割される。このパケットごとに図のように開始符号、宛先符号（ヘッダ）等の情報を付加する。これが伝送の単位となる。なお、終結符号は次のパケットの開始符号を兼ねることができる。

開始符号	宛先符号等	データ情報符号	誤りチェック符号	終結符号

第9.23図　パケットの内容

(4)　**パケット通信ネットワークの構成**

　　パケット通信ネットワークの構成を第9.24図に示す。ここで

134

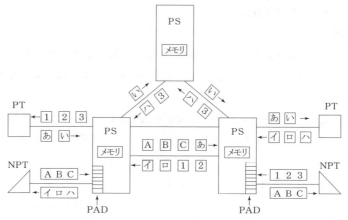

第9.24図　パケット通信ネットワークの構成

　PT（Packet-mode Terminal：パケット形態端末）は、パケット組立・分解機能を持つ端末。

　NPT（Non-Packet Terminal：非パケット形態端末）は、PAD を持たない端末。

　PAD（Packet Assembly Disassembly facility：パケット組立・分解装置）

　PS（Packet Switch：パケット交換機）は、PAD、メモリ、パケット多重化装置等の機能をもつ。

　NPT から送出されたデータは、交換機内の PAD により情報等を付加したパケットに分解され記憶装置に蓄積される。また、PT から送出されたパケットはそのまま交換機内の記憶装置に蓄積される。

　PS では、複数の端末から受け付けたパケットからヘッダの情報により宛先を読み取り伝送ルートを決定して、パケットを送出する。

　もし、あるパケットを送出しようとするとき、その伝送路が混んでいる場合は、空いている別のルートを選択してパケットを送出することができる。

　受信側の PS では、PT へはパケットのまま順序をそろえるだけで送出し、NPT へは PAD を介して元のデータに組立てて送出する。

(5)　パケット通信の特徴

(A)　高信頼性

パケット通信方式では、一つのパケット交換機が少なくとも二つの交換機と接続されているので、万一相手の交換機が故障したり、その伝送路が混んでいるような場合には、異なるルートを自動的に選択してパケットを送出することができる。

また、パケットを転送するごとに伝送の誤りチェックが行われ、誤りが検出されるとパケットの再送を行うので、ネットワーク内での伝送誤り率は極めて小さく、平均ビット誤り率は 10^{-10} 以下である。

(B)　伝送回線の効率的使用

一般の通信方式では、端末相互間で直接データの送受を行うための伝送路を設定し、通信を行っている間はその回線を占有しているが、データの送受を行っていない時、その回線は空いている。

パケット通信方式では、一つの端末からのパケットは間欠的にくるので、一つの伝送回線を複数の通信のためのパケットで共用でき、回線が混んでいるときはパケットを蓄積できるので、伝送回線の効率的使用が可能である。

また、パケット形態端末は、1 本の回線で複数の相手に向けた通信データをパケットの形で多重伝送することができる。

(C)　異種端末間通信

パケット通信方式では、端末からのデータをいったんパケットの形で交換機の記憶装置に蓄積するので、交換機で通信速度、符号形式、伝送制御手続などの異なる相手が受信できる形式に変換して送出することができる。したがって、他のパケット通信網、一般の回線交換網、衛星通信網、パソコン通信網、コンピュータ通信網との接続が可能である。

(D)　利用料金

パケット通信方式では、パケット単位で伝送されるため情報量が正確に把握できる。このため、通信時間ではなく情報量に比例した料金体系を採

用している。また、中継伝送路を効率的に使用するため、伝送路のコストが少なくてすむので、距離による料金の差は少ない。

　したがって、パケット通信方式は、比較的短いデータで通信密度の低い用途に適しており、特に長距離通信に有利である。

9.2.5　送信機の構成

⑴　**基本構成**

　一般的な送信機の構成概念図を第9.25図に示す。

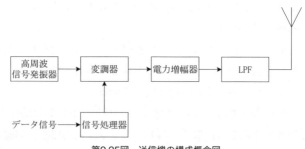

第9.25図　送信機の構成概念図

　送信機を構成する主な回路と役割は次のとおりである。

① 　高周波信号発振器：搬送波となる送信周波数の信号を生成すること。

② 　変調器：デジタル信号で搬送波を変調すること。

③ 　電力増幅器：変調された信号を規格値にまで電力増幅すること。

④ 　LPF（低域通過フィルタ）：目的の送信信号を通過させ、高調波などの不要成分を除去すること。

⑤ 　信号処理器：データの並び換えや誤り検出用の符号を付加すること。

⑵　**動作の概要**

　データ端末装置からのデジタル信号は、相手の無線局で「0」と「1」を誤って符号判定されることを防止するため、信号処理部においてデータの並び換えや誤り検出用の符号が付加された後に送信機に加えられる。

　送信機では、変調によってデータが高周波信号に乗せられる。そして、

この変調された高周波信号は、規格の電力値にまで増幅され、LPF を介して同軸ケーブルでアンテナに加えられ電波として放射される。

(3) 送信部（送信機）の条件

　無線局から発射される電波は、電波法で定める電波の質に合致しなければならない。そして、送受信機の送信部（送信機）は、次に示す条件を備える必要がある。

① 送信される電波の周波数は正確かつ安定していること。

② 占有周波数帯幅が決められた許容値内であること。

③ 不要発射（スプリアス発射（高調波発射、低調波発射、寄生発射及び相互変調積）及び帯域外発射）は、その強度が許容値内にあること。

④ 送信機からアンテナ系に供給される電力は、安定かつ適切であること。

9.2.6　受信機の構成

(1) 基本構成

　一般的な受信機の構成概念図を第9.26図に示す。

　この受信機を構成する主な回路の役割は次のとおりである。

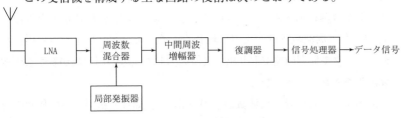

第9.26図　受信機の構成概念図

① LNA（Low Noise Amplifier：低雑音増幅器）：微弱な受信信号を低雑音で増幅する。

② 周波数混合器：局部発振器で生成された高周波信号を用いて受信信号の周波数を中間周波数（IF：Intermediate Frequency）に変換する。

③ 局部発振器：周波数安定度及び周波数精度が優れた高周波信号を生成し、周波数混合器に供給する。局部発振器として周波数シンセサイザが

用いられる場合がある。

④　中間周波増幅器：受信機が必要とする大部分の増幅を行い検波器に信号を出力する。

⑤　復調器：中間周波増幅器の出力信号から信号などを検出する。

⑥　信号処理器：符号誤りの発生を軽減するために誤り訂正や信号の並びを元に戻す。

(2)　**動作の概要**

　アンテナで捉えられた信号は、同軸ケーブルで受信機に加えられ LNA で増幅される。LNA で増幅された信号は、局部発振信号と周波数混合器によって中間周波数（IF）に変換され、適切に増幅された後に復調器に加えられる。復調された信号は、信号処理により誤り訂正や信号の並びを元に戻され、端末装置やネットワークへ送られる。

(3)　**周波数変換回路**

　周波数変換回路は、第9.27図に示すように周波数混合器と局部発振器から成り、入力信号の周波数を変換する機能を備えている。同図において、周波数 f_{in} の入力信号と局部発振器で生成された周波数 f_l の高周波信号を周波数混合器に加えると、$f_{in}>f_l$ のときには、$f_{in}\pm f_l$、$f_{in}<f_l$ のときには $f_l\pm f_{in}$ なる周波数成分が出力に現れる。そして、どちらか一方の周波数をフィルタや同調回路で取り出すと、入力した信号の周波数が新たな周波数に変換されることになる。

　例えば、入力信号の周波数が 120〔MHz〕、局部発振器からの信号の周波数が 110〔MHz〕であるとき、周波数混合器の出力として 230〔MHz〕

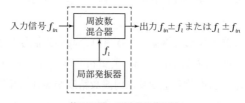

第9.27図　周波数変換回路

と 10〔MHz〕の信号が得られる。周波数混合器の出力にフィルタを挿入
し 10〔MHz〕の信号だけを取り出せば入力信号が 10〔MHz〕に変換さ
れたことになる。これをヘテロダインと呼び、無線通信機で用いられる重
要な技術の一つである。

　このように周波数変換回路を用いることで低い周波数に変換して安定に
増幅することができる。反対に、低い周波数で変調した信号を高い送信周
波数に変換することもできる。なお、局部発振器として周波数安定度が優
れている周波数シンセサイザが用いられることが多い。

(4)　受信部（受信機）の条件

　通信の信頼性を確保し、高品質のサービスを提供するため、送受信機の
受信部（受信機）は、次に示す条件を備えることが求められる。

①　感度が良いこと。

　感度とは、どの程度の弱い電波を受信して信号を復調できるかを示す能
力。

②　選択度が良いこと。

　選択度とは、多数の電波の中から目的の電波のみを選び出す能力。

③　安定度が良いこと。

　安定度とは、再調整を行わずに一定の出力が得られる能力。

④　忠実度が良いこと。

　忠実度とは、送られた情報を受信側で忠実に再現できる能力。

⑤　内部雑音が少ないこと。

　内部雑音とは、受信機の内部で発生する雑音のことである。

9.2.7　雑音

(1)　概要

　無線通信は混信と雑音との戦いである。技術の進歩により状況は改善さ
れているが、情報伝送の限界が受信機の雑音レベルによって決まることに
変わりはない。デジタル信号のビット誤りは、雑音が原因で起きることが

多い。また、受信機の感度に大きく影響を与えるのは、抵抗体内部の電子の不規則な動きによって生じる熱雑音である。雑音は伝送路において外部から加わる外来雑音と装置などの内部で発生する内部雑音に２分される。なお、UHF 帯以上の周波数帯では外来雑音のレベルが低くなるので内部雑音が支配的となる。このため、受信機の低雑音化技術が必要不可欠である。受信機の内部雑音は、最小受信可能信号レベルを決める重要な要素の一つである。受信機や増幅器などで生じる雑音は、電子回路を構成する抵抗素子、トランジスタやダイオードなどの半導体などに起因することが多い。

増幅器などでは、自らが発生する雑音によって、入力側に比べて出力側で雑音が増え信号対雑音比 *S/N* が劣化する。この劣化の状態を示す指数として、雑音指数が用いられている。一般に、雑音を電力として取り扱い、ある回路から外部に取り出せる雑音電力を有能雑音電力と呼び、取り出せる信号電力は有能信号電力と呼ばれる。

受信機で発生する雑音を受信機の入力端に換算した受信機入力端換算雑音電力は、無線通信回線の受信側での搬送波電力対雑音電力比 *C/N* の概算値を求めるのに利用されている。また、受信機で発生する熱雑音電力は、受信機の回路や素子などが置かれている環境温度（周囲温度）によって異なる。この関係を受信機の入力端に換算したものが等価雑音温度 T_e〔K〕であり、回線設計の際に重要項目の一つとして利用されている。更に、熱雑音は、増幅器や受信機の通過帯域幅に比例するので、周波数帯域幅が広い無線回線では大きな影響を与える。

(2) **熱雑音**

導体や半導体内の自由電子は、その温度に相当した熱エネルギーによって、自由勝手に不規則な運動をしている。このため、ある瞬間には不規則な動きと電子の衝突などによる電子流の乱れが発生する。また、回路の開放端に不規則な電圧が発生する。このような不規則な電流が外部に流れ出るのが熱雑音である。なお、熱雑音は熱じょう乱雑音とも呼ばれる。

　熱雑音は、電子の不規則な動きによって発生し、素子の温度、抵抗値、周波数帯域幅などに比例して大きくなるが、電子の全く自由な動きによるので決まった波形や周期を持っていない。また、熱雑音は、極めて広い周波数帯に分布しており、太陽などの白色光のように一様なスペクトルをもっているので白色雑音（white noise）とも呼ばれている。

　雑音の大きさについて述べる場合は、2乗平均値で示すことが多い。雑音を定量的に説明したナイキスト*(Nyquist)の定理によれば熱雑音 v_n は、ボルツマン*定数 k（Boltzmann constant：1.38×10^{-23}〔J/K〕）、素子の周囲温度 T〔K〕、等価雑音帯域幅 B〔Hz〕、等価雑音抵抗 R を用いて、雑音電圧の2乗平均値として、次の式で示される。

$$v_n^2 \fallingdotseq 4kTBR$$

　これは第9.28図に示すように実効値が $\sqrt{4kTBR}$ の雑音電圧と内部抵抗が R の回路としてモデル化することができる。

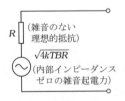

R（雑音のない理想的抵抗）

$\sqrt{4kTBR}$（内部インピーダンスゼロの雑音起電力）

第9.28図　雑音源の等価回路

　ここで、第9.29図に示すように雑音電圧 v_n と内部抵抗 R を持ち、外部に負荷抵抗 R_L を接続した場合に外部へ供給される電力を求める。

　この回路の負荷抵抗 R_L を流れる電流 i_n は、次式で示される。

$$i_n = \frac{v_n}{R + R_L}$$

　そして、負荷抵抗 R_L で消費される電力 P は、次式で示される。

$$P = i_n^2 R_L = \left(\frac{v_n}{R + R_L}\right)^2 \times R_L$$

---

*ナイキスト：Harry Nyquist（1889〜1976、スウェーデン生まれの物理学者）
*ボルツマン：Ludwig Boltzmann（1844〜1906、オーストリアの物理学者）

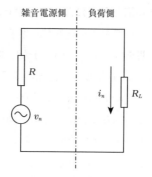

第9.29図　雑音電力の供給

　この回路で取り出すことができる最大電力 P_m は、$R=R_L$ の整合条件が満たされるときに次式で示される。

$$P_m = \frac{v_n^2}{4R}$$

　この最大電力 P_m は、有能雑音電力 N_i と呼ばれ、次の式で示される。

$$N_i = \frac{v_n^2}{4R} = \frac{4kTBR}{4R} = kTB$$

　よって、有能雑音電力 N_i は、等価雑音抵抗 R の値に関係せず、ボルツマン定数 k、素子の周囲温度 T〔K〕、等価雑音帯域幅 B〔Hz〕によって決まることを意味している。

(3)　等価雑音帯域幅

　有能雑音電力 N_i は、等価雑音帯域幅 B に大きく影響される。この等価雑音帯域幅 B は、次のように定義されるものであるが、実際の受信機の 3〔dB〕帯域幅と概ね等しい値となることが多い。なお、実際の受信機における有能雑音電力 N_i は、中間周波増幅回路の帯域幅の値が支配的となる。

$$B = \int_0^\infty \left(\frac{A_f}{A_0}\right)^2 df$$

　ただし、

A_0：通過帯域の中心周波数における電圧増幅度

A_f：任意の周波数における電圧増幅度

(4)　**雑音指数**

　増幅回路では信号は利得の分だけ増幅されて出力される。しかし、雑音が付加されるので出力端子での信号電力対雑音電力比 S_o/N_o は、入力端子での信号電力対雑音電力比 S_i/N_i より劣化する。この劣化の程度を示すのが雑音指数 F である。なお、有能電力とは、回路より取り出すことができる最大電力をいう。

第9.30図　増幅回路の *S/N*

雑音指数 F は、次の式で与えられる。

$$F = \frac{S_i/N_i}{S_o/N_o}$$

　ただし、S_i：入力端における有能信号電力

　　　　　N_i：入力端における有能雑音電力

　　　　　S_o：出力端における有能信号電力

　　　　　N_o：出力端における有能雑音電力

なお、雑音指数は対数表示されることが多い。

$$F = 10\log_{10}\frac{S_i/N_i}{S_o/N_o}\ \text{〔dB〕}$$

　また、回路の周波数帯域幅を B〔Hz〕、利得を G とすると、有能雑音電力 $N_i = kTB$ であるので、雑音指数 F は次の式で示される。

$$F = \frac{S_i}{S_o} \times \frac{N_o}{kTB} = \frac{1}{G} \times \frac{N_o}{kTB} = \frac{N_o}{GkTB}$$

よって N_o は、次の式で示される。

$$N_o = FGkTB = FGkTB + GkTB - GkTB = GkTB + (F-1)GkTB$$

　この式の第1項は、信号源で発生して回路で増幅される熱雑音電力を表している。そして、第2項は、回路の内部で新たに発生し増幅され出力に現れる雑音電力 N_1 である。この N_1 は、出力側の有能雑音電力 N_o から入力雑音による雑音電力 $GkTB$ を差し引いた値としても、次のように求まる。

$$N_1 = N_o - GkTB = FGkTB - GkTB = (F-1)GkTB$$

この式を G で割ると受信機入力端に換算した雑音電力 $(F-1)kTB$ となり、この値が小さいものほど S/N の良い受信機である。なお、$F=1$ のときは、雑音の発生がない状態である。

(5) **等価雑音温度**

　受信機の内部で発生する雑音は、受信機の回路や素子などが置かれている温度によって異なった値を示す。受信機の内部で発生した雑音を受信機の入力端に換算して表したのが等価雑音温度 T_e〔K〕である。具体的には、前述した内部雑音 $N_1 = (F-1)GkTB$ において、$(F-1)T$ を等価雑音温度 T_e〔K〕とし、G で割ることで受信機入力端に換算したものである。

　等価雑音温度 T_e〔K〕は、雑音指数を F、周囲温度を T〔K〕とすると、次の式で与えられる。

$$T_e = (F-1)T$$

　例えば、雑音指数 F が 6〔dB〕(真数4)、周囲温度が 17〔℃〕($T=273+17=290$〔K〕) のときの T_e は、次のように求められる。

$$T_e = (F-1)T = (4-1) \times 290 = 870〔K〕$$

なお、この等価雑音温度は、雑音指数と同じように受信装置の S/N の評価に用いられることが多い。

　また、雑音指数 F は、等価雑音温度 T_e〔K〕と周囲温度 T〔K〕を用いて表すと

$$F = 1 + \frac{T_e}{T}$$

で与えられる。

　例えば、等価雑音温度 $T_e=293$ 〔K〕、周囲温度が 20 〔℃〕のときの雑音指数 F は、次のように求められる。

$$F=1+\frac{T_e}{T}=1+\frac{293}{273+20}=1+\frac{293}{293}=2$$

対数で表すと

　　$10\log_{10}2 \fallingdotseq 3$ 〔dB〕

となる。

　なお、第9.31図に示すような2段縦続接続された各増幅器の等価雑音温度を T_{e1}、T_{e2} とし、有能利得が G_1、G_2 であるとき、総合等価雑音温度 T_{eT} 〔K〕は、次の式で与えられる。

$$T_{eT}=T_{e1}+\frac{T_{e2}}{G_1}$$

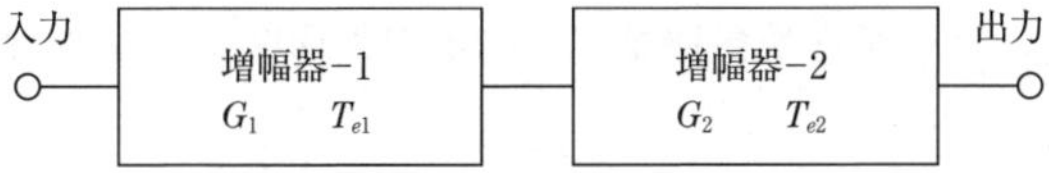

第9.31図　総合等価雑音温度

　例えば、$T_{e1}=294$ 〔K〕、$T_{e2}=336$ 〔K〕、$G_1=6$ 〔dB〕、$G_2=10$ 〔dB〕のときの総合等価雑音温度 T_{eT} 〔K〕は、次のように求められる。

　6 〔dB〕を真数に置き換える。

　　6 〔dB〕=3 〔dB〕+3 〔dB〕$=10\log_{10}2+10\log_{10}2$

　よって、真数は $2\times2=4$

　したがって、総合等価雑音温度 T_{eT} 〔K〕は、次の式で与えられる。

$$T_{eT}=T_{e1}+\frac{T_{e2}}{G_1}=294+\frac{336}{4}=294+84=378 \text{〔K〕}$$

(6)　縦続接続における雑音指数

　第9.32図に示すように2段以上の増幅回路などが縦続接続されている場合、各段の雑音指数を F_1、F_2、F_3、……F_n、各段の有能利得を G_1、G_2、G_3、……G_n とすると、総合の雑音指数 F_t は、次の式で与えられる。なお、各値は真数である。

$$F_t = F_1 + \frac{F_2-1}{G_1} + \frac{F_3-1}{G_1\,G_2} + \cdots\cdots + \frac{F_n-1}{G_1\,G_2\,G_3\cdots\cdots G_{n-1}}$$

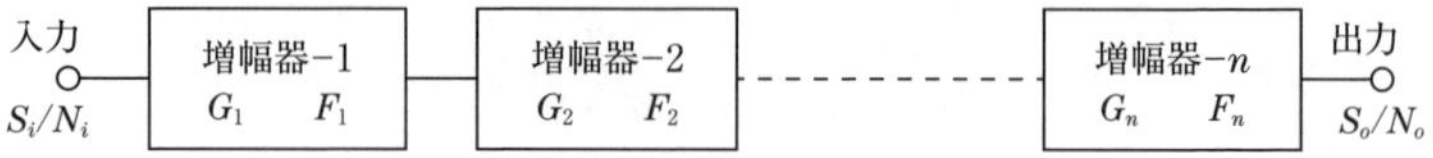

入力 S_i/N_i ─○─ | 増幅器-1 G_1 F_1 | ─ | 増幅器-2 G_2 F_2 | ─ ─ ─ | 増幅器-n G_n F_n | ─○─ 出力 S_o/N_o

第9.32図 継続接続における雑音指数

したがって、初段の有能利得 G_1 が、ある程度大きい値の場合、総合的な雑音指数は、初段の雑音指数 F_1 の値で決まることになる。よって、増幅回路などが縦続接続される場合は、特に、初段には雑音指数の小さい素子を雑音指数が小さくなる回路条件で使用しなければならない。そして、受信機の高周波増幅回路は、次段の周波数混合器を過負荷にしない範囲で必要最小限の利得で、同時に受信機の総合雑音指数を満足させることが求められる。

また、アンテナから受信機までの給電線の同軸ケーブルの損失や受信機初段の同調回路や BPF などの通過損失は、受信システムとしての総合的な雑音指数に大きく影響を与えるので、最小限の値とする必要がある。このため、携帯電話の基地局では、受信専用のプリアンプをアンテナ直下に設置し、LNA で増幅を行った後に、低損失の同軸ケーブルで受信機へ加えることで、雑音指数の劣化を抑えている。

更に、衛星放送受信装置では、パラボラアンテナと LNA 及び周波数変換回路を一体化することで雑音指数の劣化を抑えている。

ここで、実装方法による雑音指数の違いについて、第9.33図に示す二つの受信装置の例で説明する。同図(a)は同軸ケーブルで給電した場合である。同図(b)はアンテナの直下に LNA を備えて増幅を行った後に同軸ケーブルで伝送する場合である。

図(a)の場合の雑音指数 F_a は、次のようになる。

$$F_a = F_{a1} + \frac{F_{a2}-1}{G_{a1}} = 2 + \frac{1.6-1}{0.5} = 3.2$$

図(b)の場合の雑音指数 F_b は、次のようになる。

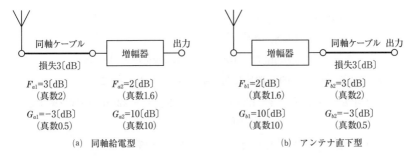

(a) 同軸給電型　　　　　　　　　(b) アンテナ直下型

第9.33図　雑音指数の比較

$$F_b = F_{b1} + \frac{F_{b2}-1}{G_{b1}} = 1.6 + \frac{2-1}{10} = 1.7$$

このように、アンテナと受信機間に用いられる同軸ケーブルの損失や増幅器の挿入場所によって受信システムの雑音指数が劣化するので、注意しなければならない。

なお、受信機に LNA を設けることによって雑音指数が改善される理由も同様に説明される。

(7)　受信機の入力端換算雑音電力

増幅回路の電力利得を G とすれば $G = S_o/S_i$ である。また、入力側の有能雑音電力 N_i は、抵抗体の発する熱雑音であり、ボルツマン定数 $k = 1.38 \times 10^{-23}$〔J/K〕、環境温度の絶対温度表示 T〔K〕、回路の等価雑音帯域幅 B〔Hz〕で決まり、次の式で与えられる。

$$N_i = kTB$$

よって、雑音指数 F は次のように書き換えられる。

$$F = \frac{S_i/N_i}{S_o/N_o} = \frac{1}{G} \times \frac{N_o}{N_i} = \frac{N_o/G}{N_i} = \frac{N_o/G}{kTB} = \frac{N_r}{kTB}$$

この式の N_o/G は、出力端の雑音電力を入力端に換算した雑音電力を意味し、入力端換算雑音電力 N_r と呼ばれている。よって、N_r は次の式で与えられる。

$$N_r = kTBF$$

これを対数表示すると次のようになる。

$$N_r〔\mathrm{dBm}〕=10\log_{10}kTBF$$
$$=10\log_{10}k+10\log_{10}T+10\log_{10}B+10\log_{10}F$$

この式の各項を実用的な数値に置き換えると次のようになる。

- ボルツマン定数 $k=1.38\times10^{-23}$〔J/K〕$=-228.6$〔dBW/K/Hz〕
$$=-198.6〔\mathrm{dBm/K/Hz}〕$$

- 環境温度を 17〔℃〕とし、絶対温度に換算して、
$$T=17〔℃〕-290〔\mathrm{K}〕=24.6〔\mathrm{dBK}〕$$

よって、入力端換算雑音電力 N_r〔dBm〕は次の式で与えられる。

$$N_r〔\mathrm{dBm}〕=-198.6〔\mathrm{dBm/K/Hz}〕+24.6〔\mathrm{dBK}〕+10\log B〔\mathrm{Hz}〕+F〔\mathrm{dB}〕$$
$$=-174+10\log B〔\mathrm{Hz}〕+F〔\mathrm{dB}〕$$

例えば、$B=10$〔MHz〕、$F=4$〔dB〕とすると N_r〔dBm〕は、次のように求められる。

$$N_r=-174+10\log_{10}10^7+4=-174+70+4=-100〔\mathrm{dBm}〕$$

一般に、N_r より大きい値の信号であれば、受信機はそれを信号として認識することができる。例えば、$N_r=-100$〔dBm〕の受信機の入力端に -80〔dBm〕の搬送波が加わった場合の搬送波電力対雑音電力比は、

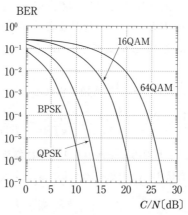

第9.34図　変調方式と BER

$C/N=20$〔dB〕となる。

　$C/N=20$〔dB〕の場合、第9.34図より BPSK や QPSK による回線では、誤りの発生が極めて少ない状態が期待される。16QAM による回線では BER として 10^{-5} 程度が得られる。しかし、64QAM では BER が 10^{-2} 程度であり使用できない。このように要求 BER や変調方式などによって必要な C/N 値が大きく違うので、回線設計において最適なものが選ばれる。

9.3　デジタル方式無線通信装置

9.3.1　概要

　一般的なデジタルデータ無線通信システムの構成概念図を第9.35図に示す。データの入出力端末などからのデジタルデータ信号は、最初に信号処理に適したベースバンド信号形式に変換される。そして、「0」と「1」の配列をランダム化し、エネルギーを分散するスクランブル処理、誤り訂正のための信号処理（FEC：Forward Error Correction）、誤り検出と自動再送要求のための信号処理（ARQ：Automatic Repeat reQuest）、バーストエラー（雑音や干渉などによって集中的に発生する誤り）を防ぐためにデータの伝送順を時間的に変えるインターリーブなどが行われる。更に、デジタル変調による無線伝送に適したベースバンド信号に変えられる。

　信号処理された信号は、送信部のデジタル変調回路でキャリアを変調し、

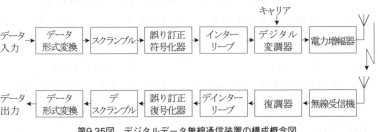

第9.35図　デジタルデータ無線通信装置の構成概念図

中間周波数（IF）に変換される。この IF 信号は、更に目的の周波数に変換された後に電力増幅器に加えられる。そして、電力増幅されアンテナより電波として放射される。

　一方、受信アンテナで捉えられた信号は、無線受信機で復調され、信号処理に適したベースバンド信号形式に整えられる。そして、インターリーブによるデータの並び換えを元に戻すデインターリーブ、誤り訂正復号化処理、送信側で施されたスクランブル処理を元に戻すデスクランブルなどが行われ、伝送に適したベースバンド信号に変換されてデータ入出力端末やコンピュータシステムへ送り出される。

　また、受信信号を IF に変換せずに受信信号を直接増幅して検波するダイレクトコンバージョン方式が、携帯電話端末などで用いられている。

(1)　誤り制御技術

　　情報が送り手から受け手に伝わる間に何らかの理由により、誤りが生じて情報が正しく伝わらないことがある。デジタルデータ通信で発生する誤りは、ランダム誤りとバースト誤りに分けることができる。

　　ランダム誤りは、送信したビットそれぞれに独立して発生するもので、主として受信機の熱雑音によって引き起こされる。送信側のアンテナより発射された信号は、受信側のアンテナで捉まえられ、受信機に加えられる。しかし、受信信号レベルが受信機の熱雑音レベルに近い場合は、雑音によってデジタル値の「0」と「1」の判定を誤るランダム性の誤りが発生しやすい。

　　バースト誤りは、極短い時間に集中的に発生し、他の無線通信システムなどからの干渉波やマルチパスフェージングなどによって引き起こされることが多い。

　　誤りを検出して訂正することで通信システムの品質と信頼性を向上させるのが誤り制御であり、送信側に対して再送要求をする ARQ（Automatic Repeat ReQuest：自動再送要求）と受信側で誤りを訂正する FEC（Forward Error Correction：誤り訂正）がある。

実用的には、ARQ と FEC を組み合わせるハイブリッド方式が用いられることが多いが、伝送遅延がほとんど許容されない場合には FEC が用いられる。

(2) **誤り検出**

ARQ を用いるデータ通信では、送信側で送るべきデータをブロックに分け、それぞれに誤り検出符号を付加して送信する。受信側では誤り検出符号を利用して誤りを検出し、誤りがあると送信側に対して誤ったブロックの再送を要求する。なお、誤ったブロックまたはパケットは破棄される。

(a) パリティチェック

比較的簡単にビット誤りを検出する方法として、パリティチェックがある。第9.36図(a)に示すように伝送するデータを一定のブロックに区切り(例えば、7ビット長)、これに誤り検出用として1ビット (T_7) を付加し8ビットとする。そして、伝送するブロック中の1の数が偶数の場合には0、奇

	T_0	T_1	T_2	T_3	T_4	T_5	T_6	T_7
a	1	0	1	0	0	1	0	1
b	0	0	1	1	1	0	1	0
c	1	1	0	0	0	1	0	1

$T_0 \sim T_6$：情報ビット　　a,b,c：ブロック
T_7：パリティビット(偶数)

(a) 垂直パリティ

	T_0	T_1	T_2	T_3	T_4	T_5	T_6	T_7
a	1	0	1	0	0	1	0	1
b	0	0	1	1	1	0	1	0
c	1	1	0	0	0	1	0	1
d	0	1	1	0	1	0	1	0
e	0	1	0	1	0	0	1	1
f	1	1	0	0	1	0	1	0
g	0	0	1	0	0	1	1	1
h	1	0	0	0	1	1	1	0

$T_0 \sim T_6$：情報ビット　　$a \sim g$：ブロック
T_7, h：パリティビット(偶数)

(b) 水平垂直パリティ

第9.36図　パリティ検査符号

数の場合には1とし、8ビットにおける1の数を常に偶数にして伝送し、受信側において1の数が偶数のときは誤りが発生していないと判定し、奇数であるときは誤りが発生したと判定するもので、垂直偶数パリティと呼ばれる。また、1の数を奇数にする場合は、垂直奇数パリティと呼ばれる。

更に、同図(b)に示すように水平方向においても同様に検査用のビットを付加し、誤りの判定を行うことができる。これを水平パリティと呼んでいる。そして、水平と垂直を組み合わせる水平垂直パリティは、誤り箇所の特定と誤り訂正を行うことができる。例えば、d ブロックの T_3 ビットが誤っている場合、d の垂直パリティは誤りを示す。加えて水平パリティの T_3 も誤りを示すので、マトリックスの交点が特定され、誤りを訂正できる。

しかし、このパリティチェック方法では、2ビット誤りが発生したときに誤りを特定できない場合がある。このため、正確さが求められる通信システムでは、次に述べる CRC（Cyclic Redundancy Check：巡回冗長検査）符号が用いられることが多い。

(b)　CRC 符号

誤り検出符号として用いられることが多い CRC 符号について簡単に述べる。送信側で決められた CRC 生成多項式により生成した符号を付加したデータには、その生成多項式で割り算をした場合、誤りが無い場合には割り切れるが、誤りがある場合には割り切れないで余りが出る性質がある。この性質を利用して誤りを検出するのが CRC による誤り検出方式である。

(3)　ARQ の方式

ARQ として次の三つの方式が用いられている。

(a)　STOP and WAIT

受信側から誤り無く受信できたことを示す ACK（ACKnowledgement：肯定応答）を受信したら次のデータブロックまたはパケットを送信する。誤りを示す NACK（Negative ACKnowledgement：否定応答）を受信した場合は、当該データブロックまたはパケットを再送する。簡単だが、効

率が悪いのが難点である。

⒝　GO back N

　送信側では伝送効率を良くするため、ブロックをある程度まとめて送信する。受信側では誤りが検出された場合には、誤りを示す NACK をフィードバック回線で送信側に送り、誤りが含まれるブロックから再送させるものである。

⒞　Selective Repeat

　まとめて送信したブロックの中で誤りが検出されたブロックのみを選択して再送する方式であり回線使用率（スループット：Throughput）が高い。

　ARQ の場合は、誤り検出符号を付加するので冗長になるが、比較的簡単な信号処理で誤り制御を行うことができる。しかし、再送要求のための回線と再送に備えてデータをバッファに保持する必要があり、相応のメモリ容量が必要となる。また、再送要求及びデータの再送などに時間が必要となるのでデータ伝送遅延が発生し、再送回数が増えるとスループットが低下する。

⑷　FEC 方式（Forward Error Correction）

　FEC は、送信側で送信データに誤り訂正符号を付加して伝送し、発生した誤りを受信側で訂正するものである。FEC の場合は、ARQ が必要とするフィードバック回線が不要であり、伝送遅延が少ないのでリアルタイム性が要求される通信などで用いられている。また、放送や GPS などのような単方向性の場合にも利用できる。

　誤り訂正の基本的な考え方について述べる。誤り訂正は、全ての誤りを訂正するものではなく、一定の条件下で可能となる。例えば、「1」を伝送する場合、単に「1」だけを送るのではなく、冗長ビットを付加して3ビットで構成し111とする。同様に、「0」を000とする。ここで、ビット誤りは、1ビットのみであるとすると、111の場合の誤りは、011、101、110の3パターンのみである。したがって、1ビットしか誤らないという条件においては、受信側で011、101、110の一つが受信さ

れた場合には、１１１として処理することができる。同様に「０」の場合にも適用され、００１、１００、０１０の３パターンの一つが受信された場合には、０００として処理することができる。

　よって、冗長ビットを付加することで、ある条件下であれば誤り訂正が可能となる。

(5)　インターリーブとデインターリーブ

　情報伝送媒体として無線を用いる場合、他の無線通信システムなどからの干渉や回線上で加わる雑音によって受信信号が影響を受け、バースト誤りが発生することがある。このバースト誤り対策の一つとして、送信する符号の順序を入れ換えるインターリーブを行って伝送し、受信側でデインターリーブにより元の順序に戻すことでバースト誤りの影響を軽減する方式である。

　インターリーブは、第9.37図に示すように伝送する符号列を一度メモリに記憶させ、メモリからの読み出す順序を a_0、b_0、c_0、d_0、e_0、f_0、g_0、h_0、次に a_1、b_1、c_1、d_1、e_1、f_1、g_1、h_1 のように縦方向とするものである。

　ここで、例えば、実際に伝送される順序となる b_1、c_1、d_1、e_1 の４ビットがバースト性の干渉によってビット誤りを起こす場合を考える。一般に、８ビット中の４ビットに誤りが発生すると誤りを訂正することは難しい。

　しかし、受信側におけるデインターリーブで読み出す順序は a_0、a_1、

第9.37図　インターリーブとデインターリーブ

a_2、a_3、a_4、a_5、a_6、a_7、　b_0、$\boxed{b_1}$、b_2、b_3、b_4、b_5、b_6、b_7、　c_0、$\boxed{c_1}$、c_2、c_3、c_4、c_5、c_6、c_7、　d_0、$\boxed{d_1}$、d_2、d_3、d_4、d_5、d_6、d_7、　e_0、$\boxed{e_1}$、e_2、e_3、e_4、e_5、e_6、e_7 ………であるので、ビット誤りの位置が分散され、誤り訂正が可能となる。

このように、インターリーブとデインターリーブによってバースト誤りを軽減できるが、メモリへの書き込みと読み出しによる遅延が発生し、伝送遅延となるので、遅延時間の許容値、メモリ容量、通信品質、回線の重要度などを考慮してインターリーブのサイズ（縦×横）が決められる。

(6)　スクランブル

デジタル無線通信では、伝送信号のスペクトルの平滑化とクロック抽出の信頼性向上のため、送信側で伝送符号の0と1の配列をランダム化するスクランブルを実施し、受信側で元に戻すデスクランブルが行われる。また、0と1の配列をランダム化することでエネルギーが分散されるので送信機の負担が均等化される。

特に、自己タイミング抽出方式の伝送系では、伝送信号の0と1の出現がどちらかに片寄るとタイミングの検出に支障が生じ、同期を確立することが難しくなる。このためスクランブルによって改善が図られることが多い。また、スクランブルは、通信の秘匿性を確保する場合や特定の相手に対して情報を発信する場合などにも用いられている。

9.3.2　TDMA 方式移動体無線通信装置

(1)　概要

アクセス方式として TDMA（Time Division Multiple Access）、複信を FDD（Frequency Division Duplex）とする3チャネル TDMA の移動体通信システムの一例を第9.38図に示す。このような方式は TDMA-FDD と呼ばれている。また、送受信に同じ周波数を用いる TDD（Time Division Duplex）方式も使用されており、TDMA-TDD と呼ばれている。なお、VHF/UHF 帯の電波を利用するデジタル陸上移動体通信の変調方式とし

て、π/4 シフト QPSK が用いられることが多い。

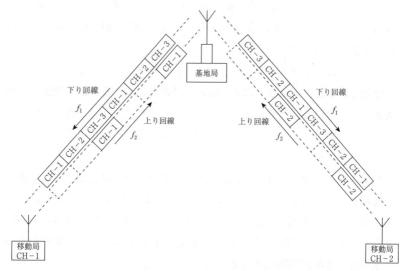

第9.38図　TDMA-FDD 方式移動体通信の概念図

　ここに示した例の場合、移動局は基地局から送信される時分割多重
（TDM：Time Division Multiplex）スロットの中から自局宛のものだけを
選択して受信する。そして、移動局からの送信は、個々に割り当てられる
タイムスロットで行われる。

⑵　**基地局装置**

　⒜　**基本構成**

　基地局は第9.39図に示すように屋内装置、屋外装置、アンテナなどから
成る。

　UHF 帯の電波を用いる無線システムでは、給電線の同軸ケーブルで生
じる損失により受信信号の *S/N* が劣化するので、微弱な信号を取り扱う
受信用の LNA（Low Noise Amplifier）をアンテナの近くに取り付け、受
信信号の減衰を抑える手法が広く用いられている。

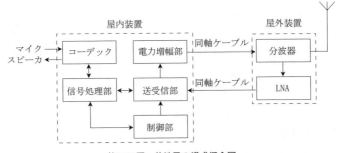

第9.39図　基地局の構成概念図

(b)　動作の概要

基地局のアンテナで捉えられた微弱な信号は、屋外装置の分波器を介して LNA で増幅され屋内装置の送受信部で直交復調される。復調されたデジタル信号は、信号処理されコーデック（CODEC）でアナログの音声信号に変えられる。そして、低周波増幅器で増幅されてスピーカより音として出される。

送信部は音声信号をコーデックでデジタル信号化し、信号処理を行った後に搬送波を $\pi/4$ シフト QPSK 変調して送信信号を生成する。この変調された信号は電力増幅部で増幅され、LPF で高調波などのスプリアスが取り除かれ低損失の同軸ケーブルで屋外装置へ送られ、分波器を介してアンテナに給電され電波として放射される。

TDMA では割り当てられたスロットを使用するので、各スロット及びフレームの同期が重要であり、TDMA 同期回路などで制御される。

(3)　移動局装置

(a)　基本構成

移動局の送受信装置は、第9.40図に示すように変調回路、送信機、受信機、復調回路、周波数シンセサイザ、信号処理回路、コーデック（CODEC）、分波器、TDMA 同期制御回路、アンテナなどから成る。

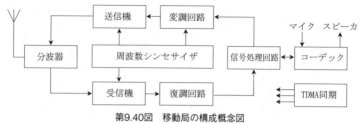

第9.40図　移動局の構成概念図

（b）　動作の概要

　アンテナで捉えられた信号は、分波器を通して受信機に加えられ復調される。そして、誤り訂正復号やデインターリーブなどの信号処理が行われ、コーデックでアナログの信号に変えられる。このアナログ信号は低周波増幅され、スピーカで音に変えられる。

　一方、マイクで電気信号に変えられた音声信号は、コーデックでデジタル信号に変換され、信号処理を経て搬送波を $\pi/4$ シフト QPSK する。この変調された信号は、低ひずみの直線電力増幅器で増幅され、LPF で高調波成分などのスプリアスが取り除かれた後にアンテナより放射される。

　なお、必要となる周波数の信号は、周波数シンセサイザによって生成される。

9.3.3　CDMA 方式携帯電話装置

（1）　概要

　CDMA 方式携帯電話システムは、第9.41図に示す概念図のようにユーザが使用する移動端末、移動端末と通信する無線基地局、複数の無線基地局間での回線接続制御やハンドオーバ制御を行う無線ネットワーク制御装置、パケット交換に関する信号処理や音声信号処理機能を備えるマルチメディア信号処理装置などから成る。また、携帯端末の位置登録や認証を行うシステムが設けられている。

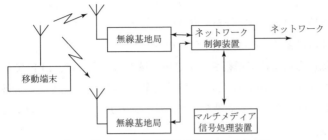

第9.41図　CDMA 方式携帯電話システムの概念図

(2)　基地局装置

(a)　構成

CDMA の基地局は、第9.42図に示すように屋内に設置される無線送受信装置と屋外に設置されるアンテナ及びアンテナの近くに取り付けられる屋外装置から成る。更に電力を供給する電源装置（含む非常電源）と基地局の動作をモニタする遠隔監視装置が設置されている。

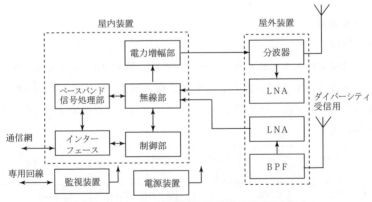

第9.42図　CDMA 方式携帯電話基地局の構成概念図

(b)　動作の概要

電気通信網からの信号は、誤り訂正符号化やインターリーブ処理され、拡散変調回路においてチャネルに応じた拡散符号（PN符号）によりスペ

クトル拡散変調される。この拡散された信号で搬送波を直交変調することで広帯域の中間周波信号が生成される。そして、この中間周波信号は目的の周波数に変換され電力増幅部へ送られる。

　直線電力増幅器で増幅され規定値を満たした信号は、LPF で高調波などのスプリアスが取り除かれ、屋外装置へ送られる。そして、分波器（ダイプレクサ）を介して同軸ケーブルでアンテナに加えられ垂直偏波で放射される。

　一方、アンテナで捉えられた微弱な信号は、給電線の同軸ケーブルの損失で、受信信号の S/N の劣化を軽減するためにアンテナの近くに設置された屋外装置内の LNA で増幅され、屋内装置の無線部の受信機で復調される。

　復調された信号はベースバンド信号処理部において、逆拡散、デインターリーブ、誤り訂正復号処理される。そして、インターフェース部で地上回線での伝送に適したベースバンド信号形式に変換されて電話局などへ送られる。

(3)　携帯端末

　(a)　構成

　携帯端末は基本的にトランシーバであり、第9.43図に示すようにアンテナ、分波器（ダイプレクサ）、受信機、復調回路、送信機、変調回路、信号処理回路、拡散／逆拡散処理回路、コーデック、周波数シンセサイザなどから成る。

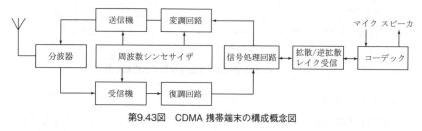

第9.43図　CDMA 携帯端末の構成概念図

(b)　動作の概要

　処理された音声信号は、PN 符号によってスペクトル拡散変調される。そして、この拡散された信号で搬送波を変調し、広帯域の送信信号を生成する。この広帯域信号は、低ひずみの直線電力増幅器で増幅され、LPFで高調波成分などのスプリアス成分が取り除かれ、分波器を介してアンテナに導かれ電波として放射される。

　一方、アンテナで捉えられた微弱な信号は、LNA で増幅された後に受信機で復調される。復調された信号は信号処理部でデインターリーブや誤り訂正復号される。そして、逆拡散処理、レイク受信、D/A 変換処理されスピーカで音に変えられる。

(4)　送信電力制御

　CDMA では各携帯端末が同じ周波数で送信することが多いので、遠くの携帯端末の弱い信号が基地局に近い携帯端末の強い信号に埋もれて基地局で受信できない現象が起きる。これを **CDMA の遠近問題**と呼んでいる。なお、通話量の多いエリアでは、複数の周波数が割り当てられており、必ずしも全てが同一の周波数で運用するとは限らない。

　この遠近問題を解決する方法の一つとして、携帯端末の送信電力を基地局からの下り回線で制御する**送信電力制御**（TPC：Transmitter Power Control）が行われている。TPC により移動端末の送信電力を制御することで基地局の受信信号レベルの平均化が図れ、遠近問題が軽減される。

(5)　RAKE 受信

　複数の経路（マルチパス）を経て受信アンテナに達する遅延波は、符号間干渉を引き起こし、BER を悪化させる要因となる。しかし、CDMA の場合は、第9.44図に示すように3系路のマルチパス信号の各遅延時間に合わせ逆拡散すると3つのパスの出力のタイミングを合わせることが可能である。実用技術として、これらの信号の位相を合わせる**最大比合成機能**が備えられている。これらを熊手（RAKE）でかき集めることに例え、RAKE 受信と呼んでいる。

　このように CDMA では干渉信号としていた遅延波を受信電力の増加及びフェージングによる受信レベルの変動の抑制に利用している。

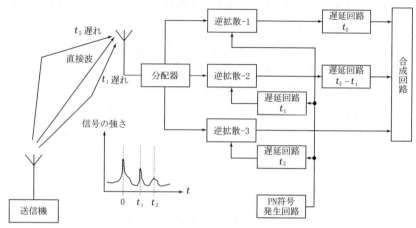

第9.44図　RAKE 受信の概念図

9.3.4　MIMO

　従来の無線通信システムでは、同一周波数による複数信号の同時通信は電波干渉の点から周波数利用効率の向上が困難であり、無線伝送速度の高速化にも制約があった。

　MIMO（Multiple-Input Multiple-Output）は、無線送信局、無線受信局にそれぞれ二つ以上のアンテナとそれに接続する送信機、受信機を配備、両局間に存在する複数の無線通信路（マルチパス伝送路）を利用して MIMO チャネルを形成することにより、周波数利用効率や伝送品質の向上（伝送容量の増大、伝送速度の高速化）を図る技術である。

　通信系の概念図を第9.45図に示す。空間で多重化された信号を各受信アンテナで受信、それらを信号処理することにより出力信号が得られる。

　この技術は携帯電話や無線 LAN などで使用されている。

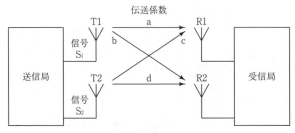

第9.45図　通信系の概念図

9.3.5　固定マイクロ波多重無線通信装置

(1)　概要

　PCM 時分割多重された信号の伝送に用いられる PCM 多重無線電話装置は、第9.46図に示すように端局装置、マイクロ波送受信装置、アンテナなどから成る。ここでは、端局装置とマイクロ波送受信装置の概要を述べる。

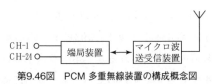

第9.46図　PCM 多重無線装置の構成概念図

(2)　端局装置

(a)　動作の概要

　電話用の24チャネル PCM 端局装置の構成概念図を第9.47図に示す。端局装置は各チャネルの音声信号を PCM 時分割多重し、マイクロ波送受信装置へ送り出す機能及びマイクロ波送受信装置で復調された PCM 時分割多重信号から各チャネルの信号を取り出し、アナログの音声信号に戻す役割を担っている。

　各チャネルの音声信号は、折り返し雑音防止フィルタを兼ねる BPF で 0.3〜3.4〔kHz〕に帯域制限される。各チャネルの信号は、シャノンの標本化定理を満足するサンプリング周波数の 8〔kHz〕で標本化され、PAM

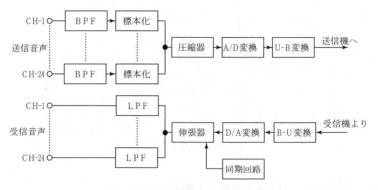

第9.47図　PCM 端局装置の構成概念図

信号に変えられる。この PAM 信号は、*S/N* を改善する圧縮器（大きな入力信号の出力を抑え、逆に小さな信号は大きくすることで均一化し *S/N* の改善を図るもの）を経て A/D 変換器で8ビットの2進符号に変えられる。そして、フレーム同期パルスとして、1ビットのパルスが第24チャネルの次に挿入される。この結果、前章で述べたように 125〔μs〕の間に8ビット×24チャネル＋1ビット＝193ビットのパルスが並ぶことになる。なお、端局装置内で用いられるユニポーラ（単極性）パルスは、伝送路上で直流成分を生じさせやすいのでバイポーラ（二極性）に変換されて送信機へ送られる。

　一方、受信機より受け取り、バイポーラ列からユニポーラ列に変換された8ビットのデジタル信号は、D/A 変換器で PAM 信号に変えられ、送信時に行われた信号の圧縮が伸張器で元に戻される。そして、各チャネルに分けられ、LPF で平滑されてアナログの音声信号となる。

(b)　フレーム同期

　各チャネル信号が一つの共通クロックで動作しているデジタル同期網の場合は、クロック周波数が一致しているので、フレーム位相を合わせて多重化する位相同期が行われる。デジタル同期網では、高精度高安定度のクロック信号を供給するマスタ局をネットワーク内に設置し、従局に順次分

配することでネットワーク内のクロック周波数を一致させることが多い。

(c)　スタッフ同期

　一方、クロック周波数が異なる2組のパルス信号を多重化するとパルスが重なり、識別が難しくなる。このため、各チャネル信号間で同期が取れていない装置では、多重化するデジタル信号を一度メモリに蓄え、信号パルスの周波数 f_s より少し高い周波数 f_c のクロック・タイミングでメモリから読み出し共通の周波数上に乗せることで同期を取っている。

　この読み出しクロックの速度が少し速いので、第9.48図に示すように不足パルス相当のパルス（スタッフパルス）をあらたに挿入し、同期を確立するのがスタッフ同期である。

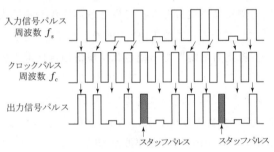

第9.48図　スタッフパルスの挿入

(3)　マイクロ波送受信装置

(a)　構成

　7.5〔GHz〕帯 PCM 多重無線送受信装置の構成概念図の一例を第9.49図に示す。この装置は端局装置で多重処理されたデジタル信号をマイクロ波に乗せてアンテナより放射するもので送信部、受信部、周波数シンセサイザ、分波器、そしてアンテナなどから成る。

(b)　動作の概要

　端局装置からの信号は、変調に適したベースバンド形式に変換され、送信部の QPSK 変調器に加えられる。そして、QPSK 変調器で 140〔MHz〕帯の送信信号が生成される。この 140〔MHz〕帯の IF 信号は、周波数混

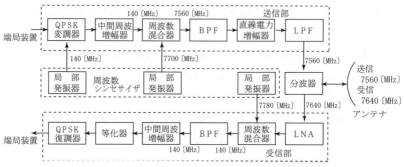

第9.49図　7.5〔GHz〕帯 PCM 多重無線送受信装置の構成概念図

合器に加えられ局部発振信号で 7.5〔GHz〕帯に変換される。この周波数
混合器の出力側には周波数混合器で生じる不要成分を除去するために
BPF が挿入されている。この BPF を通過した 7.5〔GHz〕帯の信号は、
低ひずみの直線電力増幅器で増幅され、規格の送信電力値を満足させ
LPF で高調波などのスプリアスが取り除かれ、分波器を介して給電線で
パラボラアンテナなどに給電され電波として放射される。

　一方、アンテナで捉えられた 7.5〔GHz〕帯の微弱な信号は、分波器を
介して受信機に入り BPF で非希望波が抑圧されて LNA に加えられる。
LNA で増幅された信号は、局部発振信号によって周波数混合器で 140
〔MHz〕の IF 信号に変換される。そして、BPF で不要波が取り除かれ、
AGC 付の中間周波増幅器で増幅されて等化器に加えられる。等化器は
フェージングなどで生じる周波数特性等の劣化を補償して BER が低下す
るのを抑え、その出力を QPSK 復調器へ送る。復調された信号は、信号
処理に適したベースバンド信号形式で端局装置へ出力される。

　なお、送受信機で必要とする周波数は高精度高安定度の周波数シンセサ
イザで生成することにより、品質の向上が図られている。また、アンテナ
と送受信装置間に用いられる導波管内には、結露などで定在波が発生する
ことを防ぐため、デハイドレータ（乾燥空気充填装置）より乾燥空気が供
給される。

9.4　衛星通信のための無線通信装置

9.4.1　概要

　衛星通信には、広域性、同報性、回線設定の柔軟性などの地上系無線通信システムにはない特徴があり、それらを活かして音声、データ、画像、映像など多彩な情報を比較的簡単かつ経済的に伝送できることから、VSAT（Very Small Aperture Terminal）と呼ばれる超小型地球局を用いて、テレビや新聞などの報道機関のニュース取材のSNG（Satellite News Gathering）、国や地方公共団体などの防災行政無線、警察、消防、鉄道、電力などの通信回線または予備回線に利用されている。

　VHF や UHF 帯の周波数の電波を用いる通信や放送は、電波の伝搬特性によりサービス範囲が概ね見通し距離を少し越える程度に限定される。見通し距離を越える通信や広域性が求められる通信には、静止衛星を利用する衛星通信システムが用いられることが多い。

　衛星通信はサービスエリアが広域で、宇宙局を中継することにより多地点間で広範囲の通信を設定できる特徴があり、多元接続によって通信を行っている。衛星通信の多元接続方式には、TDMA（Time Division Multiple Access：時分割多元接続）や FDMA（Frequency Division Multiple Access：周波数分割多元接続）が広く用いられている。また、変調方式には BPSK（Binary Phase Shift Keying：2 値位相シフト変調）や QPSK（Quadrature Phase Shift Keying：4 値位相シフト変調）が用いられることが多いが、テレビなどの高品質映像信号の伝送には、占有周波数帯幅が広くなるのを抑えるために QAM（Quadrature Amplitude Modulation：直交振幅変調）などの多値変調が用いられる。

9.4.2　静止衛星

　静止衛星は、赤道の上空、約36,000〔km〕の静止軌道（GEO：Geostationary Earth Orbit）に打ち上げられ、地球の自転周期と同じ周期で地球を

一周するので、地上からは静止しているように見える人工衛星である。

　第9.50図に示すように静止軌道上に120度間隔で静止衛星を3基配置すると両極地域を除く全世界的規模でのサービスが可能となる。静止衛星を用いる通信は、HF 帯通信のように電離層の状態に依存しないので、受信電力が安定しており信頼性も非常に高い。しかし、静止衛星と地球間の距離が非常に長いので、電波の伝搬損失と伝搬遅延に対する配慮が必要である。

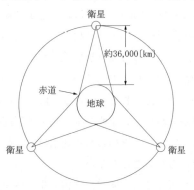

第9.50図　静止衛星の配置

　静止衛星は、その姿勢を地球に対して一定に保つために姿勢制御を行う必要がある。この姿勢制御として、3軸安定方式（衛星本体の3軸を制御することで安定化させる方式）やスピン安定方式（衛星本体をコマのように回転させて安定化を図る方式）がある。3軸安定方式はスピン安定方式と比較して衛星本体の形状設計が比較的容易である。スピン安定方式はアンテナのビーム方向を常に地球に向けるための特殊な装置を必要とする。

9.4.3　周回衛星

　静止衛星を中継局として利用する通信や放送は、伝搬損失が極めて大きな値になるので、それを補うために大型の高利得アンテナ、高出力の送信機、低雑音の受信機などを必要とする。

　装置の小型化を図り移動体通信に通信衛星を利用するためには、伝搬損失

が少ない低軌道（LEO：Low Earth Orbit）に衛星を打ち上げればよいが、高度を維持するために衛星の周回速度を速くしなければならないので静止衛星ではなくなる。一般には、地球を中心に円軌道や楕円軌道を描く周回衛星が用いられる。

　LEO による周回衛星では、地球上の1点から当該衛星を見通せる時間は短時間となる。そのため、全世界規模で通信サービスを行うには60基程度の衛星が必要とされ、衛星間のハンドオーバなど高度な技術と経済的な負担が大きくなる。一方、移動端末局は小形軽量のハンディタイプの端末で対応できるというメリットがある。

　LEO衛星による国際セルラー電話は、地上の携帯電話のように莫大な数の基地局を必要とせず、衛星を見通せる場所であればどこでも通信可能となる特徴を生かし、緊急回線や携帯電話が使用できない洋上、内陸部、山岳部などで利用されている。

9.4.4　衛星通信の特徴
　衛星通信には次のような特徴がある。
① 衛星を見通せる場所であれば、山間部や離島などでも通信可能であり、サービス範囲が非常に広い。
② 同一の情報を多くの地点で同時に受信できるので同報性に富んでいる。
③ 映像信号のような広い周波数帯域を必要とする信号や大容量の伝送が可能である。
④ 洋上の船舶や航空機と安定した通信ができ、通信回線の信頼性が高い。
⑤ 一つの宇宙局を多数の地球局で共用でき、多元接続も容易である。
⑥ 地上での自然災害などの影響を受け難い。
⑦ 宇宙局の故障修理が困難であり、寿命が地上の無線局より短い。
⑧ 宇宙局と地球局との距離が非常に長いので、受信信号が非常に微弱である。

⑨　10〔GHz〕より高い周波数を用いる場合は、雨や水蒸気の影響を受けやすい。

⑩　伝搬距離が極めて長いので、電話では遅延による通話の不自然さが生じる。

⑪　静止衛星は春分と秋分の頃に、衛星食が生じ太陽電池が動作しなくなるので、大きな容量のバッテリを備える必要がある。

9.4.5　基本構成

衛星通信システムは、第9.51図に示すように、地上回線とのインタフェース及び信号の送受信を行う複数の地球局とそれらの電波を中継する宇宙局から成る。

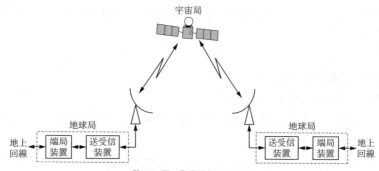

第9.51図　衛星通信システム

静止衛星を用いた場合、宇宙局と地球局の距離は中緯度地域で約37,000〔km〕となり、地上のマイクロ波回線と比べて電波伝搬距離が極端に長くなるために伝搬損失が非常に大きくなり、10〔GHz〕以上では降雨減衰も大きくなって、衛星から地球に届く電波は非常に弱くなる。また、大気圏や宇宙からの雑音の影響も加わり、信号対雑音比（S/N）も悪くなる。このため、地球局設備には低雑音の受信装置と高利得のアンテナを用いた高感度な受信と高出力な送信が求められ、受信装置の低雑音高利得化と半導体化された高出力の送信機が用いられている。地球局の送受信装置の構成図を第9.52図に

示す。

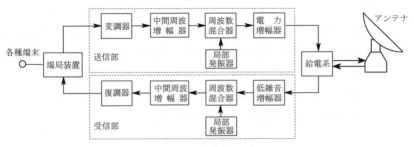

第9.52図　地球局の送受信装置の構成

9.4.6　周波数帯

　人工衛星による宇宙無線通信業務は、国際電気通信連合（ITU：International Telecommunication Union）の無線通信規則によって、固定衛星業務、放送衛星業務、気象衛星業務、海上移動衛星業務、航空移動衛星業務及び陸上移動衛星業務などに分類されており、その目的に応じて使用周波数帯が分配されている。

　衛星通信では、電波干渉を避けるために地球局から宇宙局へのアップリンクと宇宙局から地球局へのダウンリンクに異なる周波数帯の電波を用いている。代表的な周波数帯としてＬバンドの1.6/1.5〔GHz〕帯、Ｓバンドの2.6/2.5〔GHz〕帯、Ｃバンドの6/4〔GHz〕帯、Ku バンドの14/12〔GHz〕帯、Ka バンドの30/20〔GHz〕帯が使用されている。なお、周波数の表記は、慣例的にアップリンクの周波数を分子に、ダウンリンクの周波数を分母に書くことになっている。ダウンリンクに伝搬損失の少ない低い周波数を使用することで、人工衛星の送信電力を低く抑えて電力消費を軽減している。VSATには14/12〔GHz〕帯と30/20〔GHz〕帯の電波が割り当てられている。

9.4.7　VSAT システム送受信装置

(1)　概要

　図9.53図に示すように、VSAT システムは、システム内の回線制御や監視機能を持ち中心的な役割を担う VSAT 制御地球局（親局）、広範囲に存在する多数の VSAT 地球局（子局）、中継を担う人工衛星局（宇宙局）で構成され、親局と子局間あるいは親局を介して子局相互間で音声、データ及び映像などの通信を行うシステムである。

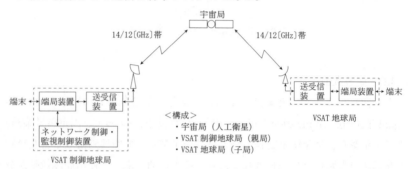

第9.53図　VSAT システムの基本的な構成

　VSAT 制御地球局は、大型のアンテナ、送受信部、端局部、ネットワーク監視制御部、端末機器から構成されている。一方、VSAT 地球局は小型化されており、小型アンテナ、送受信装置の高周波部でアンテナ近くに設置されている外部ユニット（ODU：Out Door Unit）、送受信装置の中間周波増幅器や変復調器及び信号処理部で屋外に置かれている内部ユニット（IDU：In Door Unit）、信号の入出力装置である端末機器から構成されている。VSAT 制御地球局のアンテナは直径5〜10〔m〕程度のカセグレンアンテナ、VSAT 地球局のアンテナは直径1〜2〔m〕程度のオフセットパラボラアンテナが用いられる。

　VSAT システムの通信回線設定には次のような種類がある。

① ポイントツウマルチポイント型

　この方式は、第9.54図(a)に示すように、VSAT制御地球局からの情報

（映像、パケットデータ等）を、宇宙局を介して受信専用の VSAT地球局に伝送するものである。

② 双方向型

この方式は、第9.54図(b)に示すように、VSAT 制御地球局のホストコンピュータがもつ回線の監視制御機能により VSAT 制御地球局が VSAT 地球局と制御信号の送受を行って回線を設定し、これを中継する2ホップ回線として使用する方法であるが、回線設定後は VSAT 地球局相互で1 ホップ回線として使用することも可能である。

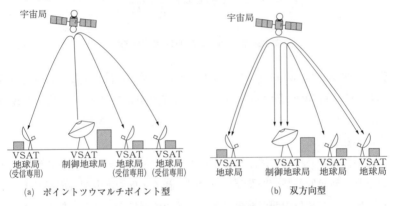

(a) ポイントツウマルチポイント型　　　　　　(b) 双方向型

第9.54図　VSAT システムの通信回線設定

(2) VSAT 制御地球局装置

14/12〔GHz〕帯を用いた VSAT 制御地球局装置の構成例を第9.55図に示す。

アンテナ部は5 〜10〔m〕程度のカセグレンアンテナと送受信分配器から成る。送受信部は受信系統と送信系統から成る。受信系統では、アンテナ送受信分配器からのダウンリンク周波数（12〔GHz〕帯）を低雑音増幅器（LNA）で増幅し、ダウンコンバータで 140〔MHz〕帯または1〔GHz〕帯に変換・増幅した中間周波信号が端局部にインタフェースされる。一方、送信系統では、端局部からの送信中間周波数（140〔MHz〕帯または1〔GHz〕

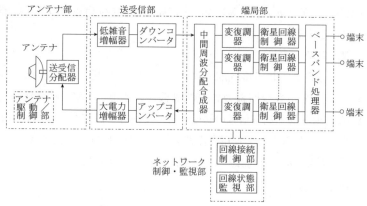

第9.55図　VSAT 制御地球局装置の構成

帯）をアップコンバータでアップリンク周波数に周波数変換し、進行波管あるいは固体増幅器が組み込まれた大電力増幅器（HPA：High Power Amplifier）により電力増幅してアンテナ部送受信分配器を介してアンテナから送信する。

　端局部では、各情報端末機器からの送信信号がベースバンド処理器に入力され、衛星回線制御器及び変復調器を経て中間周波分配合成器でチャネル合成されて送信中間周波出力として送受信部に送られる。他方、送受信部からの受信中間周波信号は、中間周波分配合成器でチャネル分配された後、送信とは逆の経路で信号が各情報端末機器へ送られる。

　なお、ネットワーク制御・監視部は、衛星回線の集中監視、VSAT 地球局の制御及び周波数／電力の指定・変更などを処理する回線接続制御部と回線状態監視部から構成されている。

(3)　VSAT 地球局装置

　VSAT 地球局装置の構成例を第9.56図に示す。

　装置は室外ユニット（ODU）と室内ユニット（IDU）から成る。アンテナは直径1.2〜1.8〔m〕のオフセットパラボラアンテナが一般的に用いられており、アンテナの一次放射器と ODU は一体化され、ODU と IDU

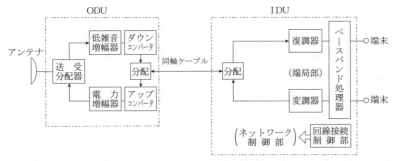

第9.56図　VSAT 地球局装置の構成

とは同軸ケーブルで接続されている。この同軸ケーブルには、送・受信中間周波信号、ODU モニタ信号及び電源（DC）が重畳されている。

　IDU では、情報端末機器からのデジタル信号がベースバンド処理器に入力され、変調器を経て 1〔GHz〕帯の送信中間周波数（IF）に変換された後、ODU とインタフェースする分配器（送・受信 IF 分離、モニタ信号、DC 供給等の混合）へ入力される。ODU からの受信 IF 信号は分配器で分離され、復調器を経てベースバンド処理器で信号処理され、各情報端末へ送られる。

9.4.8　取扱方法及び使用上の注意

　VSAT システムでは高品質な衛星通信回線を設定するため、VSAT 制御地球局において VSAT 地球局の状態を監視し、電波の質に影響を及ぼすような不具合が発生した場合には当該 VSAT 地球局の電波の発射を停止させる。VSAT 地球局の次のような項目が VSAT 制御地球局によってモニタされることが多い。

① 送信周波数
② 送信電力
③ 送信周波数帯幅
④ 受信レベル
⑤ 交差偏波識別度（異なる偏波の電波を分離する能力）

　モニタの結果、これらの状態が正常であることを確認したのち、衛星回線の業務が実施される。システム全体の回線接続制御、回線状態の監視等はVSAT 制御地球局のネットワーク制御・監視部によって行われ、必要な情報はディスプレー等に自動的に表示される。

　VSAT 地球局では、組み込まれた自己診断機能の結果が正常であれば使用可能を示す表示、不具合があれば故障を示す表示が点灯される。また、ODU、IDU の各接続端子が確実に接続されていることが確認された後はVSAT 制御地球局により制御される。暴風や地震等により VSAT 地球局のアンテナの設置角度が変わってしまった場合、送信が自動的に停止となるため、再度調整する必要がある。

第10章　中継方式

10.1　概要

　多重無線回線を長距離にわたって設定する場合には、伝搬途中における電力損失を補い、必要な電力で目的局まで信号が伝送されるよう、一定の距離（通常3〜50〔km〕）ごとに中継局が設けられる。

　この場合、中継局に設置される中継用の送受信装置は、次のような条件が必要とされる。

① 　入力電波のフェージング幅をカバーし、常に一定出力を送出できるものであること。

② 　位相ひずみ（遅延ひずみ）が少なく、雑音量が小さいものであること。

③ 　妨害波の影響を避けるため、必要な受信選択度を有すること。

④ 　発射電波の周波数は、常に正しいものであること。

　このため、中継方式としては、上記の条件や置局条件等を考慮して、最も適切な方式が採用される。

10.2　周波数配列

　マイクロ波帯では、アンテナの指向性を極めて鋭くできるので、送信波は真正面の方向だけに放射され、その他の方向にはほとんど出て行かないこと

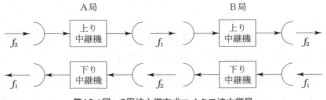

第10.1図　2周波中継方式マイクロ波中継局

メ　モ

になる。また、受信では真正面からきたマイクロ波だけを受信する。

したがって、第10.1図のように、マイクロ波中継局では、上りと下りに同じ周波数の送信波と受信波とを用いることができることから、中継局の送信及び受信周波数それぞれを同一にして、1往復ルートに二つの周波数しか用いない2周波中継方式が多く採用されている。

10.3　無線中継方式

10.3.1　ヘテロダイン中継方式

(1)　概要

ヘテロダイン中継方式とは、受信機におけるスーパヘテロダイン方式と同じように、受信したマイクロ波帯の信号を周波数混合器に入力し、増幅しやすい低い周波数に変換して増幅した後、再びマイクロ波に変換して送信するもので、その原理及び構成の概要は、第10.2図のとおりである。

すなわち、受信されたマイクロ波を中間周波数（例えば 70〔MHz〕）に変換して、数 10〔dB〕程度の増幅を行った後、再びマイクロ波に変換し、増幅器で必要な電力まで増幅する。

この場合、第10.3図のように、中継局内で受信波と送信波の間で電波干渉を起こすおそれがあるので、送信波と受信波は、適当な周波数間隔をとる必要がある。

第10.2図(b)の例では、送受信の周波数間隔を 40〔MHz〕としている。

また、電波の偏波を利用して垂直偏波と水平偏波を使い分けることで干渉を抑える方式が用いられている。

(2)　特徴

① マイクロ波を一定の中間周波数に変換するので、予備回線への切換えは、この中間周波数の段階で行うことができる。

② 変調、復調が中継ごとに繰り返されないので、変調によって起きるひずみ（アナログ信号の場合）が相加されない。このため、アナログ

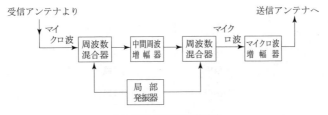

(a)　中継方式の基本的構成

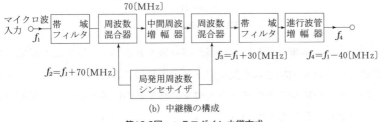

(b)　中継機の構成

第10.2図　ヘテロダイン中継方式

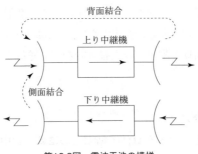

第10.3図　電波干渉の模様

回線で用いられることが多い。

10.3.2　再生（検波）中継方式

　再生中継方式とは、第10.4図のように、中継の際に、受信波を復調して元のビデオ信号に戻した後に増幅し、再び変調を行って再発射するもので、検波中継方式ともいわれる。

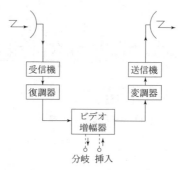

第10.4図　再生中継方式

　したがって、中継局ごとに変復調が繰り返されるので、アナログ回線では変復調のひずみが相加される欠点があり、中継機の非常に多い幹線には余り用いないが、中継局ごとにチャネル群を分岐するのに便利なため、近距離の局地中継回線に使用されている。

　デジタル回線では、干渉性（マルチパス）フェージングで回線が瞬断したり、周波数選択性フェージングや符号間干渉による波形ひずみが生じてビット誤りが起きる場合があり、これが中継ごとに相加されるおそれもあるので、受信波を復調し、同期を取り直した後、変調して送信する再生中継方式が多く用いられている。

10.3.3　無給電中継方式

　見通し外の2地点をマイクロ波で結ぶためには、途中に中継局を設置し、いったん受信した電波を再び送信機で送り出しているが、2地点が比較的近距離であれば、中継局に送受信機を置かなくても、第10.5図のように、パラボラアンテナを背中合わせにつないだものを使ったり、金属板や金属網による反射板を用いて、電波を目的の方向へ送出する方法による場合がある。

　このような方式は、電波の方向を変えてやるだけで、中継用の電力を必要としないので、無給電中継方式と呼ばれている。

　なお、中継による電力損失は、中継区間が短いほど少なく、反射板等を用

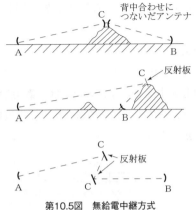

第10.5図　無給電中継方式

いる場合は、その面積が広いほど、また、入射角が小さいほど少ない。

　反射板は大型になるほど指向性が鋭くなるため、風圧による変形や設定角度のずれなどが起きないように設置することが重要であるが、日常の保守点検で確認することも大切である。反射板として、100平方メートル以内のものが多く用いられている。

　反射板の表面の粗さは、利得の低下につながるので、可能な限り凹凸や湾曲が無いように仕上げられ維持管理される必要がある。

10.3.4　直接中継方式

　直接中継方式とは、第10.6図のように、中継局でマイクロ波をそのまま増幅する（中間周波数に変換しない。）もので、広帯域特性に優れている。こ

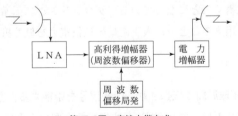

第10.6図　直接中継方式

れには送受信周波数が同一のものと、ある周波数だけ偏移したものとがある。

10.3.5　衛星中継方式

(1)　**概要**

　　人工衛星を利用して中継を行うシステムは、第10.7図に示すように地上回線とのインターフェース及び信号の送受信を行う地球局とそれらの電波を中継する衛星局から成る。

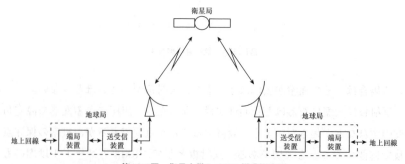

第10.7図　衛星中継システム構成概念図

　　衛星通信では、電波干渉を避けるために地球局から衛星局へのアップリンクと衛星局から地球局へのダウンリンクに異なる周波数帯の電波を用いている。代表的な周波数帯としてLバンドの 1.6/1.5〔GHz〕帯、Sバンドの 2.6/2.5〔GHz〕帯、Cバンドの 6/4〔GHz〕帯、Ku バンドの 14/12〔GHz〕帯、そして Ka バンドの 30/20〔GHz〕帯が使用されている。なお、周波数の表記は、慣例的にアップリンクの周波数を分子に、ダウンリンクの周波数を分母に書くことになっている。ダウンリンクに伝搬損失の少ない低い周波数を使用することで、人工衛星の送信電力を低く抑えて負担を軽減している。

(2)　**衛星局**

　　衛星局は、地球局間で伝送される情報信号を中継する役割を担っている。衛星局の中継装置は、第10.8図に示す構成概念図のように、LNA、周波数

混合器、電力増幅器、LPF、分波器そしてアンテナなどから成り、地球局からの信号を受信し周波数変換を行い、伝搬に伴って生じる受信電力の変動を補って、規定値にまで電力増幅してアンテナより地球局に向けて放射する役割を担っている。

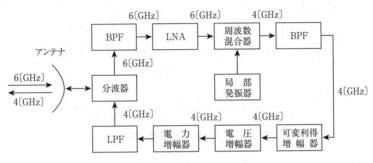

第10.8図　通信衛星の構成概念図

　衛星局では、受信した信号を S/N が劣化しないよう LNA で増幅した後、周波数混合器で 4〔GHz〕帯に変換する。そして、この 4〔GHz〕帯の信号は、直線電力増幅器で規定の電力を満たし、LPF で高調波やスプリアスなどの不要成分が取り除かれ、アンテナより地球局に向けて放射される。

10.4　遠隔監視制御装置

10.4.1　概要

　多くの無人無線中継局は、障害発生時の影響を最小限に抑えるため、自動的に予備の装置や予備回線に切り換える機能を備えている。しかし、自動的に切り換わらない場合などに備えて、制御局より強制的に操作できる機能が組み込まれている。

　中継局の多くが無人化されているので、第10.9図に示すようにその状態を中央の監視局（制御局）で把握するための監視（モニタ）機能が備えられて

いる。このために用いられるのが遠隔監視制御装置であり、中継局との間は本回線とは別系統の信頼性の高い回線（連絡制御回線）で結ばれている。

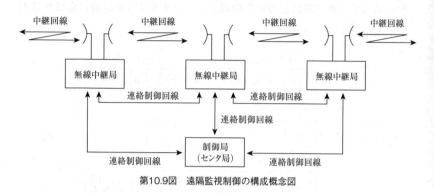

第10.9図　遠隔監視制御の構成概念図

10.4.2　監視（モニタ）項目

　制御局は、無線中継局で不具合が起きた際、他の無線局への影響が大きい電波の質に関する項目などを含む、無線局の運用上重要である次に示す項目をモニタすることが多い。なお、多くの中継局の装置は、自己故障診断機能（BITE：Built In Test Equipment）を備えており、故障状況や規格値（規定値）からの偏差を自ら検出し、その状態を記録している。

① 　送信周波数
② 　占有周波数帯幅及びスプリアス発射の強度
③ 　送信電力
④ 　受信電界強度（受信レベル）
⑤ 　アンテナ系の定在波比（SWR）
⑥ 　交差偏波識別度（XPD）
⑦ 　供給電源、商用電源、バッテリの状態
⑧ 　発電機用燃料の残量
⑨ 　冷却用送風機の状態
⑩ 　装置内の温度（特に、トランスを含む電源装置や電力増幅器）

⑪　室温や湿度及び煙の有無

⑫　ドアの開閉状態

⑬　デハイドレータ（導波管内気圧）の状態

⑭　局内外の状態（監視カメラ）

このように遠隔監視装置などにより無線中継局の状態を常に監視(モニタ)し、

①　故障の発生を未然に防ぐこと。

②　障害発生に際してすみやかに適切な処理を実施し、障害時間を最小限にすること。

により無線通信回線の信頼性の向上を図っている。

10.4.3　監視情報の取得方式

中継局の監視情報を取得する方法として次の2種類がある。

①　ダイレクトレポーティング方式：中継局から制御局に対して、適時、自主的にモニタ情報を発信する方式である。

②　ポーリング方式：制御局から中継局に要求し、モニタ情報を取得する方式。

なお、最近では、ネットワークを利用して行われる SNMP（Simple Network Management Protocol）による遠隔監視及び制御が主流である。

10.4.4　遠隔制御

多くの無人中継局は、障害が発生すると自動的に予備の回線や装置に切り換える機能を備えている。しかし、装置を手動で制御する必要がある場合には、制御局よりコマンドを送ることにより、次のような操作ができるものが多い。

①　装置の停止

②　動作試験

③　異状の有無の確認

④　予備装置への切換
⑤　予備電源の起動及び停止
⑥　予備回線への切換

10.4.5　制御信号

　デジタル無線回線の遠隔監視制御システムでは、デジタル信号によってコマンド信号を構成するデジタル制御信号が用いられている。この方式は、ネットワークとの親和性が優れており、信頼性も高く、多くのシステムで利用されている。

　なお、アナログ機では、可聴周波数の2波以上の組み合わせによるトーン方式やパルスの数やパルス幅の組み合わせによるパルス方式が用いられたが、最近のデジタル無線回線でのトーン方式やパルス方式の使用は、特別な設計を除き極めて限定的である。

第11章　レーダー

11.1　各種レーダーの原理

11.1.1　パルスレーダー

レーダー(Radar：RAdio Detection And Ranging)は、電波の定速性(3×10^8〔m/s〕)、直進性、反射性を利用しており、指向性アンテナからパルス電波を発射し、物標（目標）で反射して戻ってきた電波を受信することで、往復に要した時間から距離を求め、更に、アンテナの回転方向から方位を求めるものである。加えて、反射波の強弱や波形の違いにより反射物体の形状や性質などの情報を得ることができる。得られた物標の距離、方位、性質情報等は、液晶パネルなどに見やすい形式で表示される。電波の速度を c〔m/s〕、往復の時間を t〔s〕とすると、物標までの距離 d〔m〕は次の式で与えられる。

$$d=\frac{ct}{2}$$

例えば、ある地点より発射した電波が物標で反射して 1〔ms〕後に戻ってきたとすると、その物標までの距離は 150〔km〕である。

第11.1図に示すように、パルス幅が狭く振幅が一定のパルスをパルス幅に

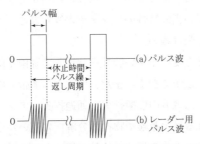

第11.1図　レーダーに用いられるパルスの一例

比べて非常に長いパルス繰返し周期で発射すると、パルスが発射されていない期間に反射波を受信できる。パルス幅として 0.1～1〔μs〕程度、繰り返し周期が 100～1000〔μs〕程度のパルスが使用されている。パルス幅は探知距離に応じて適切な値が選ばれる。

11.1.2　ドップラーレーダー

発射した電波が移動物体で反射される際に周波数が偏移する現象をドップラー効果という。すなわち、救急車のサイレン音が、救急車が自分に近づいてくるときには周波数が高く聞こえ、遠ざかるときには低く聞こえる現象である。このドップラー効果を利用したのがドップラーレーダーであり、次のように利用されている。

① 　移動体の速度計測
② 　固定物と移動物体の識別
③ 　竜巻や乱気流の早期発見及び観測

11.1.3　レーダーと使用周波数帯

マイクロ波をレーダーに使用する主な理由は次のとおりである。

① 　電波の見通し距離内の伝搬であり伝搬特性が安定。
② 　地形や気象の影響を受けやすい。
③ 　回折などの現象が少なく電波の直進性が良い。
④ 　波長が短くなるに従って小さな物標の識別ができる。
⑤ 　利得が高く鋭い指向特性のアンテナが得られる。
⑥ 　混信や妨害を受け難い。

地形や気象の影響を受けやすい特性を利用して降雨や降雪状況、地形の変化などを探知することができる。また、マイクロ波帯の中でも低い周波数帯と高い周波数帯では、電波の伝搬損失や通過損失、アンテナの特性などが異なるため、探知できる最大距離や物標の分解能に違いが生じる。

一般にレーダーは、用いる電波の波長が短くなるほど小さな目標を探知で

きるが、一方、雨や雪などによる減衰が大きくなり、遠くのターゲットを探知できない。

レーダーや衛星通信などで使用される周波数帯（バンド）の名称と使用目的を第11.1表に示す。

第11.1表 レーダーの周波数

バンド	周波数の範囲〔GHz〕	使 用 目 的
L	1～2	空港監視レーダー（SSR、ARSR）、DME
S	2～4	気象レーダー、船舶用レーダー、ASR
C	4～8	航空機電波高度計、気象レーダー、船舶レーダー、空港気象レーダー、位置・距離測定用レーダー
X	8～12.5	精測進入レーダー（PAR）、気象レーダー、沿岸監視レーダー、航空機気象レーダー、船舶航行用レーダー
Ku	12.5～18	船舶航行管制用レーダー、航空機航行用レーダー、沿岸援助用レーダー
K	18～26.5	速度測定用レーダー、空港監視レーダー（ASDE)
Ka	26.5～40	自動車衝突防止レーダー、踏切障害物検知レーダー

11.2 レーダーの構造

11.2.1 構成

レーダーは第11.2図のように送受切換器、送受信装置、信号処理装置、ア

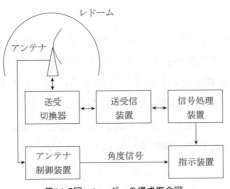

第11.2図 レーダーの構成概念図

ンテナとレドーム、アンテナ制御装置、指示装置（表示器）などから成る。

11.2.2　送受信装置

　周波数安定度の優れた水晶発振器と電力増幅器やバラクタダイオードによる逓倍器（入力信号周波数の2倍や3倍の周波数の信号を取り出す回路）によりマイクロ波帯の高電力信号が作られる。なお、一部のレーダーでは、マイクロ波 VCO（Voltage Controlled Oscillator：電圧制御発振器）で高安定度のマイクロ波信号を生成し増幅する方式が用いられている。パルス変調は低電力段で行われるのが一般的である。電力増幅部は、モジュール化された電力増幅器を並列接続することで高電力を得ている。

　一方、アンテナで捉えられた物標で反射した信号は、送受信切換器を介して受信機に加えられ復調される。そして、得られたレーダービデオ信号は、信号処理装置へ送られる。

11.2.3　信号処理部

　信号処理部は不要な信号を除去し、物標信号のみを検出する役割を担っている。例えば、気象レーダーは、クラッタ（Clutter）と呼ばれる周辺の大地、建物、山などからの不要な反射信号を除去または抑圧する必要がある。

11.2.4　指示器

　レーダーエコーの表示には、アンテナを中心とした地図上に物標がプロットされ、物標の位置関係が分かり易い第11.3図に示すような PPI（Plan Position Indicator）方式が用いられることが多い。アンテナ1回転で360°の表示としており、画面には物標に加えて、距離目盛（レンジマーク）、シンボルなどが表示される。また、カラーによる色別表示に加えて数字や文字による内容表示を行うことで、識別を容易にしている。

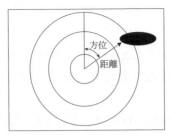

第11.3図　PPI 方式の概念図

11.2.5　アンテナ装置

　鋭い指向性ビームのアンテナを回転させながら物標を探知するレーダー
は、送信アンテナと受信アンテナを共用することが多い。レーダーアンテナ
として、パラボラアンテナまたは平面板に多数のスロット（細長い溝）を切っ
た写真11.1に示すようなスロットアレーアンテナ（フラットアンテナ）など
が広く用いられている。

写真11.1　フラットアンテナと回転装置

11.3　レーダーの種類

　レーダーには一次レーダーと二次レーダーがあり、用途に応じて適切に使

い分けられている。

(1) 一次レーダー

一次レーダーは発射した電波が物標で反射して戻ってきた電波を受信する形式であり、その主な用途は次のとおりである。

① 気象用

雨、雪、雲、雷、台風、竜巻など気象に関する情報を探知するレーダー。

② 速度測定用

主に自動車などの移動物体の速度を計測するレーダーで、移動物体からの反射波のドップラー効果を利用して速度を測定する。

③ 距離測定用

反射波を受信するまでに要した時間から物標までの距離を求めるレーダーで、航空機の電波高度計や車間距離を測定するためのレーダーなどがある。

④ 位置測定用

物標までの電波の往復に要した時間とアンテナのビーム方向から物標の位置を探知する。船舶レーダーや航空管制用レーダーなどがある。

⑤ 侵入検知用

不審者の侵入など、異常を知らせるために用いられる。

(2) 二次レーダー

二次レーダーは、相手局に向けて質問電波を発射し、この電波を受信した局よりの応答信号を受信することで情報を得る形式である。一次レーダーと比較して受信電波が強く安定しており、得られる情報が多く、その主な用途は次のとおりである。

① 距離測定用

質問電波発射から応答信号受信に要した時間から当該局までの距離を求めるレーダーで、航空用の距離測定装置や航空機の衝突防止装置として実用に供されている。

② 航空管制用

　地上局より航空機に対して質問電波を発射し、航空機より応答信号として航空機の識別符号や飛行高度情報を得るレーダーである。なお、質問電波発射から応答信号受信に要した時間から距離情報を得て、更にアンテナの指向性から方向の情報を得ることで相手局の位置を特定できる。

③　識別情報取得用

　相手の無線局に対して質問電波を発射し、当該局より応答信号として各種の情報を得るレーダーで、5〔GHz〕帯の電波による高速道路料金システムのETC（Electronic Toll Collection）は、この一例である。

11.4　レーダーの性能及び特性

11.4.1　概要

　実際にレーダーを使用する場合、そのレーダーの規格や性能限界を十分に熟知した上で、運用に携わることが求められる。当該レーダーの遠距離と至近距離における探知能力や接近して存在する物標の分離識別能力や誤差などは、あらかじめ知っておくべきである。

11.4.2　最大探知距離

　レーダーが探知できる最も遠い距離を最大探知距離という。一般に、マイクロ波を用いるレーダーの最大探知距離は、電波の見通し距離内に限られる。

　最大探知距離を長くするには次のような方法がある。

①　アンテナの利得を大きくする。
②　アンテナの高さを高くする。
③　感度の良い受信機を使用する。
④　パルス幅を広くし、繰り返し周波数を低くする。
⑤　低い周波数を用いる。
⑥　送信電力の値を大きくする。

11.4.3 最小探知距離

　レーダーが探知できるアンテナに最も近い位置に存在する物標までの距離を最小探知距離という。最小探知距離は、パルス幅、アンテナの高さと垂直面内指向性などによって決まる。

　レーダーでは電波が 1〔μs〕で往復し得る距離は 150〔m〕である。例えば、物標までの距離が 150〔m〕以下の場合に、パルス幅が 1〔μs〕のパルスを発射すると、パルスの送信が終わる前に反射波が戻ってくるため反射波を受信できない。したがって、パルス幅が τ〔μs〕の場合は、150τ〔m〕内に存在する物標を識別できないことになる。

11.4.4 距離分解能

　距離分解能は、同一方位において距離がわずかに違う二つの物標を識別できる最小の距離である。最小探知距離の場合と同様にパルス幅が τ〔μs〕のレーダーでは、同一方位に 150τ〔m〕差で隔たった二つの物標を探知できない。

11.4.5 方位分解能

　レーダーの指示器で物標を観測する場合、等距離で方位角がわずか異なっている二つの物標を区別できる最小の方位角の差を方位分解能といい、主にアンテナの水平面内指向性によって決まる。方位分解能は、アンテナのビーム幅（12.1.3参照）が狭いほど良くなる。第11.4図(a)のようにアンテナが鋭い指向性をもっていれば、物標A、Bからの反射波は区別され、2点として表示される。しかし、第11.4図(b)のようにビーム幅が広い場合には、Aの反射波が終わる前にBの反射波が到来するため、指示画面では連続した長いだ円となり、二つを区別できない。

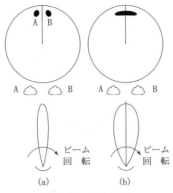

第11.4図　方位分解能

11.4.6　誤差の種類

(a)　距離誤差

レーダー表示器の時間と距離の直線性が悪いと距離誤差となる。なお、レンジ切換を物標が映る範囲で最も小さい値にセットすると距離誤差は小さくなる。距離目盛が固定式の場合には、目盛と目盛の間は目分量で補間することになるので読み取り誤差が生じる。また、可変距離目盛により距離を求める際は、物標の端に正しく合わせないと誤差となるので注意が必要である。

(b)　拡大誤差

方位拡大による誤差は第11.5図に示すように、レーダーアンテナの水平ビーム幅Aの中に物標が入っている間にエコーが受信されるため、物標の幅が実際の幅に相当する角度Bより拡大され、およそEとしてレーダー画面に映し出される。この誤差の大きさはアンテナのビーム幅（半値幅）に比例する。対策として、ビーム幅の狭いアンテナを使用することで方位拡大による誤差を改善できる。

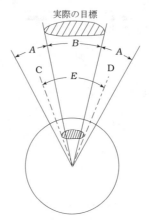

第11.5図　アンテナのビーム幅による方位拡大誤差

(c)　方位誤差

　アンテナのサイドローブによって大きく誤った位置に物標が表示されることがあるので、サイドローブ特性の優れたアンテナを用いる必要がある。また、アンテナのビーム方向と指示器上の方向にずれが生じると誤差となる。

　地上に設けられるレーダーの場合は、決められた位置に設置した固定物標からの反射波をモニターし、修正する機能を備えることで誤差を修正できる。一部のレーダーには誤差が大きくなると警報を出す回路が組み込まれている。

11.4.7　レーダー干渉

　同一周波数帯を使用している他のレーダーが近くにあると、画面にレーダー干渉像が現れる。この干渉像は、第11.6図のようにいろいろな現れ方をする。

　この斑点は常に同じところに現れないので、物標の映像と識別することができる。この現れ方は距離レンジによって異なり、近距離レンジになるほど放射状の直線又は点線状の映像になる。

　最近のレーダーはデフルータや IR（Interference Rejection）回路が優れているので、干渉が少なくなっている。

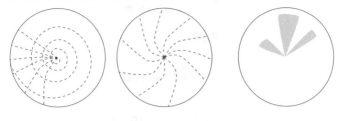

(a)　遠距離レンジ　　　　　　　(b)　近距離レンジ

第11.6図　レーダー干渉像

11.5　気象用ドップラーレーダー

　陸上に設置される気象用ドップラーレーダーは、雨や雲の観測に加えて、降水量、竜巻発生の予測、局地的な集中豪雨の予測、空港でのダウンバーストの観測や予測などに利用されている。

　降水強度は、レーダーの平均受信電力、距離情報、氷や水の誘電率の違い、空間に存在する降水粒子の分布などの情報をコンピュータ処理することで算出される。なお、ドップラー速度は移動物体で反射された信号を受信した時に観測される周波数偏移から求められる。更に、移動するものだけを捉え表示する MTI（Moving Target Indicator）機能を備えており、建物や山などの固定物からの反射と区別することで、信頼性を向上させている。

　気象用のレーダーでは、水平と垂直方向のアンテナの走査を組み合わせることで、雨や雲などを立体的に観測している。更に、幾つかの異なる仰角にて PPI スキャンを行って上空の雨や雲を観測し、コンピュータ処理で3次元画像とすることで解析精度を向上させている。

　また、アンテナをある方位に固定して、仰角方向に90度または180度スキャンさせ、ある方向（方位）の高さの状況を示す第11.7図のような RHI（Range Height Indicator）方式も用いられている。

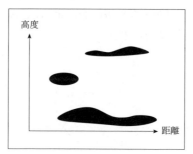

第11.7図　RHI 方式の概念図

11.6　速度測定用レーダー

　速度測定用レーダー（レーダースピードメータ）は、電波のドップラー効果を利用して、自動車等の速度を測定するのに使用されている。

　電波のドップラー効果とは、発射された電波が移動体に当たって反射してくる場合、発射電波の周波数と反射波の周波数が異なる現象である。すなわち、走行する自動車が近付いてくるときは反射波の周波数が高く、反対に遠ざかるときは反射波の周波数が低くなる現象である。

　この現象を利用して、レーダーから電波（10.525〔GHz〕）を発射し、反射してきた電波を受信して走行する自動車によって生じた偏移周波数（ドップラー周波数）を検出し、この偏移周波数が自動車の走行速度に比例することを利用して、速度を測定するものである。

11.7　侵入検知用レーダー

　10〔GHz〕帯の電波を用いた侵入検知無線装置（無線標定陸上局）が、重要施設や商業施設、工場、倉庫等の警備に使用されている。

　これには、ドップラー方式のものと遮断方式のものがあり、それらの概要は、次のとおりである。

(A)　ドップラー方式

　送信機から発射された電波が、移動する侵入者によって反射されると、ドップラー効果により、受信周波数が送信周波数と異なってくる。この周波数の変化を検出し、侵入者を検知して、ブザー、ランプ表示等によって、警備者、管理者等に知らせるものである。

　通常、装置から侵入者までの距離は、数〔m〕から数十〔m〕で、空中線電力は 10～100〔mW〕程度である。

(B)　遮断方式

　この方式は、送信装置と受信装置を対向させておき、侵入者が送信装置から発射されている電波を遮った場合に受信装置に到達する電波のエネルギーが減少することを利用して侵入者を検知し、(A)と同様の手段で警備者、管理者等に知らせるものである。

　送受信装置の間隔 15～150〔m〕、空中線電力 10〔mW〕程度のものが使用されている。

11.8　レーダーの取扱方法

11.8.1　概要

　最近のレーダーでは、デジタル信号処理を行う過程で最適な状態が得られるよう自動的に調整する機能が備えられているのでオペレータが手動で調整を行う機会は少ない。しかし、強力な反射波や雨などの状態が一様でないので、それらの影響を手動で調整した方が効果的なことがある。

11.8.2　STC

　近くの大地、丘、建物などによってレーダー波が反射されると強い反射波が返ってくる。このため受信機は飽和して、画面の中心付近が明るくなり過ぎて近くの目標が見えなくなる。これを防止するため、近距離からの強い反射波に対して感度を下げ、遠距離になるに従って感度を上げ、近くからの反

射の影響を少なくして、近距離にある目標を探知しやすくする回路を STC（Sensitivity Time Control：感度時調整）回路という。

　感度を下げていくと、反射の明るい部分は次第に消えていくが、下げ過ぎると、必要な目標まで消えるので注意する必要がある。

11.8.3　FTC

　雨や雪などからの反射波によって、船舶や航空機の識別が困難になることがある。このときには、FTC（Fast Time Constant：小時定数または雨雪反射抑制）回路を動作させると、その影響を抑えることができる。このFTCは船舶や航空機からの反射波と雨や雪などからの反射波の波形が異なることを利用して分離するものである。

11.8.4　IAGC回路

　大きな目標からの反射により、長く連なった強い反射波がある場合、それに重なった微弱な信号が失われることがある。これを防ぐためにその長く連なった強い信号を検波して得た波形によって、中間周波増幅器の利得を制御する第11.8図のような回路をIAGC回路（Instantaneous Automatic Gain Control Circuit：瞬間自動利得調整回路）という。

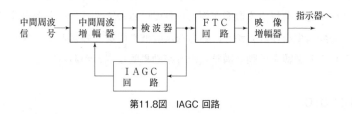

第11.8図　IAGC 回路

11.8.5　GAIN（利得）

　強い反射波によって受信機が飽和することを防ぎ、適切な状態で受信できるよう受信機の利得を手動で調整できる機能が備えられている。オペレータ

は、反射波（レーダーエコー）のレベルがある値より強い場合に受信機の利
得を手動で調整して見やすい画面にすることができる。

11.8.6　RANGE（距離範囲）

　測定距離範囲を切り換えるために用いられ、探知する物標の位置や種類に
応じて適切な値にセットされる。

11.8.7　レーダー制御器の取扱方法

　第11.9図にレーダーの操作パネルの概念図を示す。

　ここで、レーダーを操作する際に用いられる主なスイッチ・つまみの機能
や役割について述べる。

　①　FUNCTION

　• OFF：電源が切れている状態

　• STBY：電源が入り準備状態であるが電波は発射されない。

　• ON：電波が発射され物標を探知する状態

　• TEST：レーダー装置の機能試験が行われ、正常であればレーダー画面
　　　　　　上に PASS、異常の場合には、その状態が表示される。

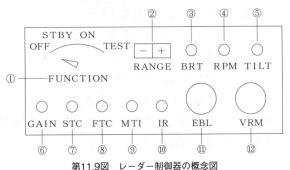

第11.9図　レーダー制御器の概念図

　②　RANGE（距離範囲）

　測定距離範囲を設定するために用いられる。

　③　BRT（brightness：輝度）

レーダー表示画面の明るさを調整するときに用いられる。

④ RPM（アンテナの回転数）

アンテナの毎分当たりの回転数を設定するために用いられる。

⑤ TILT（仰角設定）

レーダーアンテナの仰角を設定するために用いられる。

⑥ GAIN

反射信号の強弱に応じて受信機の利得を手動で調整して、見やすい画面にするために用いられる。

⑦ STC（Sensitivity Time Control）

レーダーアンテナの近傍からの強い反射波の影響を抑えるために用いられる。

⑧ FTC（Fast Time Constant）

雨や雪からの反射波の影響を抑えるために用いられる。

⑨ MTI（Moving Target Indicator：移動物標表示装置）

移動物標のみを画面に表示するために用いられる。移動物標からの反射波が、その移動速度に応じてドップラー効果による周波数シフトを伴うことを利用して、移動物標と大地や山などの固定物を識別する装置。

⑩ IR（Interference Rejection：干渉除去）

他のレーダーからの干渉妨害の影響を抑えるために用いられる。

⑪ EBL（Electronic Bearing Line：電子カーソル）

物標の方位を正確に測定するために用いられる。

⑫ VRM（Variable Range Marker：可変距離環）

レーダーアンテナの位置から物標までの距離や任意の2地点間の距離を正確に測定するために用いられる。

取扱手順

レーダーは、その性能を十分に発揮できるように適切に取り扱わなければならない。取扱方法を正しく理解し、更に習熟することが求められる。

陸上に設置されるレーダーの基本的な取扱手順は、次のとおりである。

⑴　主電源が正常に供給されていることを確認した後に、FUNCTION ス
　イッチを OFF より STBY に切り換え、規定の予熱時間を与える。

⑵　FUNCTION スイッチを STBY より ON に切り換えると、自動的に
　機能テストが開始され、正常であればレーダー表示画面上に「PASS」
　の文字が出た後、標準的な機能による物標の探知が始まりレーダーエ
　コーが映し出される。

⑶　必要に応じて、画面の輝度を BRT つまみで調整する。

⑷　探知距離を変更する場合は、RANGE スイッチの＋または－を押して
　所望値にセットする。

⑸　必要に応じて、目的の物標が適切に探知できるようにアンテナの仰角
　を TILT つまみで調整する。

⑹　物標の状態が早く変化する場合などは、必要に応じてアンテナの回転
　数を RPM スイッチで所望値にセットし、物標の状態変化に追従させる。

⑺　表示映像は、最良になるように自動的にデジタル信号処理されるが、
　利得を GAIN つまみで調整すると改善されることがある。

⑻　近くの物体からの強力な反射波で画面の中央部分が異常に赤色で表示
　される場合は、STC を ON にすると改善されることがある。

⑼　気象レーダーを除き、雨や雪の影響を受けて、目的の物標が不鮮明な
　ときは、FTC を ON にすると改善されることがある。

⑽　グランドクラッタの影響は、MTI スイッチを ON にすると改善され
　ることがある。

⑾　他のレーダーによる干渉の影響は、IR スイッチを ON にすると改善
　されることがある。

⑿　物標までの距離を正確に測定する場合は、VRM つまみを回して目的
　の物標に合わせ、表示画面上に出る値を読み取る。

⒀　物標の方位を正確に測定する場合は、EBL つまみを回してカーソル
　を目的の物標に合わせ、その方位目盛より読み取る。

取扱上の注意点

　レーダーを取り扱う際には、次のことに注意しなければならない。

①　電波の発射前に、レーダーアンテナの周辺に人がいないことを確認すること。

②　レーダー電波を発射する時間は、必要最小限に止めること。

③　外部の転換装置（つまみやスイッチ）など決められたもの以外は、操作しないこと。

④　レドームやアンテナ及び屋外に設置される送受信装置などは、風雨にさらされるので、それらの外観検査を定期的に実施すること。

⑤　製造会社や社内規定による定期点検を適切に実施して、その性能を確認すること。

第12章　空中線系

12.1　空中線の原理

12.1.1　空中線（アンテナ）と共振

　一般に、物が共振すると、その振動が大きくなる。無線通信に用いられる
多くのアンテナは、この共振を利用している。

　第12.1図(a)のように、有限の長さで両端が開放されている導体に高周波電
流を流した場合、その高周波電流の周波数に共振する最小の長さは、1/2 波
長（$\lambda/2$）である。この波長を固有波長、周波数を固有周波数という。この
ように両端が開放された導体を用いるのが、**非接地アンテナ**である。

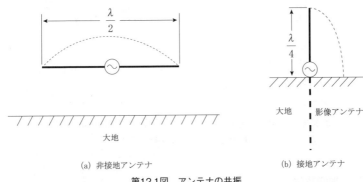

(a) 非接地アンテナ　　　　　　　　　　(b) 接地アンテナ

第12.1図　アンテナの共振

　一方、同図(b)に示すように導線の片側を大地に接地した場合は、大地の鏡
面効果により影像アンテナが生じる。片側を大地に接地した導体が、そこを
流れる高周波電流の周波数に共振する最小の長さは、1/4 波長（$\lambda/4$）である。
このように一端が開放、もう一端が大地に接地された導体を大地の鏡面効果
を利用してアンテナとして用いるのが**接地アンテナ**である。

　なお、非接地アンテナは 1/2 波長、接地アンテナは 1/4 波長のものが広
く用いられている。

メ　モ

12.1.2 等価回路

アンテナは、1/2 波長や 1/4 波長のような物理的な長さを持っているが、第12.2図(a)に示すようにコイルの働きをする成分や周辺の大地などの間で形成されるコンデンサによる静電容量も有している。また、アンテナ線は抵抗成分を持っている。したがって、アンテナは、同図(b)に示すようにコイルの実効インダクタンス L_e とコンデンサの実効容量 C_e 及び実効抵抗 R_e から成る電気回路に置きかえて考えることができる。

なお、アンテナの共振周波数 f は、次の式で与えられる。

$$f = \frac{1}{2\pi\sqrt{L_e C_e}}$$

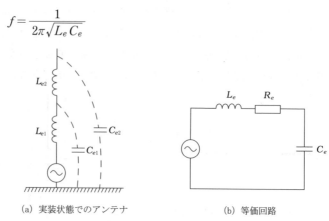

(a) 実装状態でのアンテナ   (b) 等価回路

第12.2図　アンテナの等価回路

12.1.3 指向特性

アンテナには特定の方向に対して効率よく動作するものと、方向性を持たないものがある。このアンテナの方向性を指向性と呼んでいる。指向性には水平方向の特性である水平面内指向性と垂直方向の特性である垂直面内指向性がある。

方向性がないものは全方向性（無指向性）と呼ばれ、移動体通信に用いられることが多い。全方向性を極座標上に描くと第12.3図(a)に示すようにアンテナを中心とする円になる。

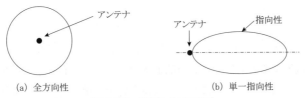

(a) 全方向性　　　　　　　　　　　　　(b) 単一指向性

第12.3図　指向性（水平面内）

　一方、特定の方向性を持つものは、**単一指向性**と呼ばれ、VHF/UHF 帯で固定通信業務を行う無線局やテレビ放送の受信に広く用いられている。これは同図(b)に示すように一方向となる。

　実際のアンテナでは、第12.4図に示すように指向方向の主ローブの他に、後方にバックローブ、側面にサイドローブが生じることが多い。なお、前方と後方に放射される電波の強さの比を FB 比（Front to Back ratio）と呼び、FB 比が大きく、サイドローブが少なく小さいことが求められる。

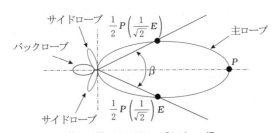

第12.4図　サイドローブとビーム幅

　また、同図に示すように最大放射方向の最大電力 P の 1/2 となる2点で挟まれる角度 β を**ビーム幅（半値幅）**※と呼んでいる。

　なお、アンテナを電燈に例えれば、裸電燈は全方向性であり、スポットライトは単一指向性である。

12.1.4　利得

　一つのアンテナを送信、又は受信に用いた場合、最大放射の方向にどの程度の電力が放射されているか、あるいは、吸収されているかを基準アンテナ

※最大放射方向の最大電界 E の $1/\sqrt{2}$ となる2点で挟まれる角度でもある。

と比べて表したとき、これをアンテナの利得という。

　基準アンテナとしては、半波長ダイポール又は等方性アンテナ（アイソトロピックアンテナ）が用いられる。等方性アンテナは、あらゆる方向に電波を一様に放射する方向性のない点放射源であって、実在しない仮想的なアンテナである。このアンテナに対する利得を絶対利得、また、半波長ダイポールに対する利得を相対利得といって区別し、マイクロ波帯では絶対利得を用いる場合が多い。なお、絶対利得と相対利得の関係は次式で示される。

$$絶対利得＝相対利得＋2.15〔dB〕 \qquad \cdots(12 \cdot 1)$$

マイクロ波のアンテナ特性を表すのに、アンテナ利得は重要であり、この単位としては、多くの場合、デシベル〔dB〕を用いている。

　すなわち、

$$アンテナ利得＝10\log_{10}\frac{P_2}{P_1}〔dB〕 \qquad \cdots(12 \cdot 2)$$

　ここに、P_1、P_2 は最大放射方向の同一距離で同一電界を生じるために、それぞれ与えられたアンテナ及び基準アンテナの入力部で必要とする電力である。

　P_1、P_2 との比が10,000であるとすれば、

$$10\log_{10} 10,000＝10\times4＝40〔dB〕$$

となる。

12.1.5　実効長（実効高）

　1/2 波長ダイポールアンテナの電流分布は、第12.5図に示すように中央部で最大で端に行くに従って小さくなり、端末でゼロである。一般に、アンテナ上の電流分布は、一様でないので発射される電波の強さや受信電力などを求める際に取り扱いが複雑になり不便である。

　この電流分布に代えて中央部の電流の腹における最大値 I_0 が一様に流れているような等価アンテナを考えると取り扱いが簡単になる。この長さ L_e は、実効長（effective length）と呼ばれ、電流 I_0 を一辺とする方形の長さ

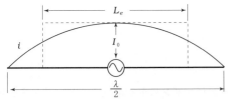

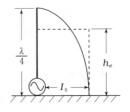

(a) 1/2波長ダイポールアンテナ　　　　　　(b) 1/4波長垂直接地アンテナ

第12.5図　電流分布と実効長（実効高）

である。そして、実効長 L_e は、電流 i の電流分布曲線が描く面積と電流 I_0 を一辺とする方形の面積が等しくなる長さとして求められる。

　1/2 波長ダイポールアンテナに正弦波電流 i が分布した場合の実効長 L_e は、波長を λ とすると次式で与えられる。

$$L_e = \frac{\lambda}{\pi}$$

　なお、1/4 波長垂直接地アンテナの場合は、実効高と呼ばれる。実効高 h_e は 1/2 波長ダイポールアンテナの半分となり、次式で与えられる。

$$h_e = \frac{\lambda}{2\pi}$$

12.1.6　実効面積

　一様な電磁エネルギーが流れている空間に受信アンテナを置いたときにどれだけの面積に相当する電磁エネルギーがアンテナに吸収されるかを表すものとして実効面積が用いられる。

　例えば、到来電波の電力密度（単位面積を通過する電磁エネルギー）を P 〔W/㎡〕、アンテナの実効面積を A〔㎡〕とすると、アンテナが吸収する電力 W〔W〕は、次式で与えられる。

$$W = PA \ \text{〔W〕}$$

　また、アンテナの絶対利得を G_i とすると、アンテナの実効面積 A〔㎡〕は、次式で与えられる。

$$A = \frac{W}{P} = \frac{\lambda^2}{4\pi} G_i \ [\text{m}^2]$$

12.1.7 給電点インピーダンス

　給電点からアンテナ側を見たインピーダンスを給電点インピーダンスと呼んでいる。大地の影響を受けるので架設する高さにより異なるが、自由空間における 1/2 波長ダイポールアンテナの給電点インピーダンス R_a は、次の式で示される。

　　$R_a = 73 + j42.55 \ [\Omega]$

　給電線の特性インピーダンスとアンテナの給電点インピーダンスは、同じ値であることが求められる。このインピーダンスを合わせることを整合という。不整合の場合は、アンテナに供給された高周波エネルギが送信機へ戻され反射波となり、アンテナに向かう進行波との間で定在波を生じさせる。

12.2　給電線及び接栓（コネクタ）

12.2.1 概要

　給電線とは、アンテナで掴まえられた電波の微弱な高周波電力を受信機に送るため、また、送信機で作られた高周波電力をアンテナに送るために用いられる高周波特性の優れた特殊なケーブルである。具体的には同軸ケーブルや平行二線式ケーブル及びマイクロ波帯以上の周波数帯で用いられる損失の少ない中空導体の導波管などである。

12.2.2 同軸ケーブル

　給電線として第12.6図に示すような内部導体を同心円の外部導体で取り囲み、絶縁物を挟み込んだ構造の同軸ケーブルが広く用いられている。実用されている同軸ケーブルの一例を写真12.1に示す。

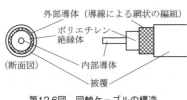

第12.6図　同軸ケーブルの構造

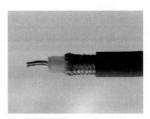

写真12.1　同軸ケーブルの一例

同軸ケーブルの特性インピーダンス Z_0〔Ω〕は、第12.7図に示すように内部導体の外径を d〔mm〕、外部導体の内径を D〔mm〕、誘電体の比誘電率を ε_s とすると次式で与えられる。

$$Z_0 = \frac{138}{\sqrt{\varepsilon_s}} \log_{10} \frac{D}{d}$$

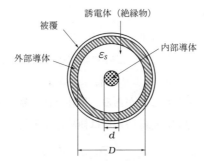

第12.7図　同軸ケーブルの特性インピーダンス

同軸ケーブルには次のような特徴がある。

① 特性インピーダンスが 50〔Ω〕と 75〔Ω〕の2種類が広く利用されている。

② 導波管と比較すると損失が多く、損失は周波数に比例して大きくなる。

③ 多くの種類が市販されており、用途に合わせて選択することができる。

④ 整合状態で用いられている同軸ケーブルからの電波の漏れは非常に少ない。

⑤ 周辺の雑音を拾い難い。

⑥　柔軟性があり、取り扱いが容易である。

⑦　使用している誘電体によって高周波信号の伝搬速度が遅くなる。

⑧　上記⑦の遅くなる割合の指標の一つである短縮率は、ポリエチレンの場合で0.68程度である。

　規格が異なる多種多様の同軸ケーブルが製品化されており、使用に際しては部品番号などを確認する必要がある。また、多くの同軸ケーブルは内部導体と外部導体の絶縁物として誘電体を用いているので、信号の損失や位相の遅れを伴う。このため、整備などで交換する場合は、決められた部品番号及び指定された長さのものを使用しなければならない。特に、アレーアンテナの給電や位相調整に用いられている同軸ケーブルは、メーカ指定の純正部品を使用する必要がある。

12.2.3　平行二線式給電線

　同軸ケーブルが非常に高価であった時代に短波帯や中波帯の信号を伝送するために第12.8図に示すような平行二線式給電線が用いられた。また、特性インピーダンスが200や 300〔Ω〕の平行二線式ケーブルがテレビの受信用として一般家庭で用いられたことがある。現在では同軸ケーブルが主流となり、このような平行二線式給電線の使用は極めて限定的となっている。

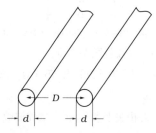

第12.8図　平行二線式の給電線

　平行二線式給電線の特性インピーダンス Z_0〔Ω〕は、線の直径を d〔mm〕、2線間の間隔を D〔mm〕とすると、次式により与えられる。

$$Z_0 = 277 \log_{10} \frac{2D}{d}$$

平行二線式給電線による給電には次のような特徴がある。

① 　HF 帯以下の周波数では同軸ケーブルと比べて損失が少ない。

② 　給電線からの電波の漏れが多い。

③ 　周囲の雑音を拾いやすい。

④ 　特性インピーダンスとして、200/300/600〔Ω〕のものが用いられることが多い。

12.2.4　導波管

　SHF 帯では給電線に同軸ケーブルを用いると損失が大きくなるので、給電線の距離が長い場合やレーダーのように送信電力が大きい場合は、送受信機とアンテナ間の信号伝送に導波管と呼ばれる写真12.2に示すような中空の導体管が用いられることが多い。

　導波管は同軸ケーブルと異なり、しゃ断周波数と呼ばれる周波数より低い周波数の電波は導波管内を伝搬することができない。

写真12.2　導波管

　導波管には次のような特徴があり、使用目的や用途に応じて同軸ケーブルと使い分けされる。

① 　同軸ケーブルと比較すると損失が非常に少ない。

② 　電波の漏れが極めて少ない。

③ 　管断面の長辺寸法で決まる周波数（しゃ断周波数）より低い周波数は

伝搬できない。

④　管内に結露などが生じないように乾燥した空気を送るデハイドレータ
（乾燥空気充填装置）が必要である。

⑤　一般に柔軟性に欠け、取り扱いが難しく、振動や地震に弱い。

⑥　高価である。

12.2.5　同軸コネクタ

同軸ケーブルを送受信機やアンテナに接続する際に用いられるのが同軸コ
ネクタ（同軸接栓）である。写真12.3に示すような形状の異なる同軸コネク
タが用途に応じて使い分けられる。なお、形状が異なると互換性が得られな
いので、送受信機やアンテナ側のコネクタの形状に合う同軸コネクタを用い
る必要がある。

写真12.3　各種同軸コネクタ

各コネクタには使用限度の周波数帯が設定されているので、使用周波数に
合ったコネクタでなければ減衰が大きくなってしまう。

例を記載すると、

①　BNC コネクタは、4〔GHz〕まで

②　N型コネクタは、10〔GHz〕帯まで

③　SMA 型コネクタは、22〔GHz〕帯まで　などとなっている。

12.3　整合

12.3.1　概要

　送信機の出力を給電線で効率よくアンテナに伝送するためには、送信機、給電線（同軸ケーブル）、アンテナのある条件を満足させなければならない。それがインピーダンス整合と呼ばれるものである。

　受信の場合は、アンテナが受け取った電波の高周波エネルギーを給電線で受信機に効率よく伝送する必要がある。アンテナと給電線（同軸ケーブル）を送受信に共用することが多いので、アンテナと給電線のインピーダンス整合は、送信と受信の両方に適用される。

　また、ダイポールアンテナや八木アンテナなどの平衡アンテナに不平衡伝送線路である同軸ケーブルで給電する際に平衡と不平衡の変換が行われる。この平衡−不平衡変換も整合として取り扱われることが多い。

12.3.2　整合の条件

　例えば、第12.9図に示すように発振器で作られた高周波電力を負荷の抵抗 R に供給する場合、この負荷に最大電力を供給できるのは、発振器の内部抵抗 Z_g と負荷抵抗 R が同じ値のときである。

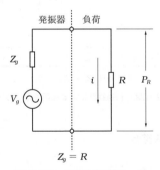

第12.9図　電力供給回路の一例

この回路において、発振器が作り出す高周波電圧を V_g とすると、回路を

216

流れる電流 i は、

$$i = \frac{V_g}{Z_g + R}$$

となる。

　そして、負荷抵抗 R で消費される電力 P_R は、

$$P_R = i^2 R = \left(\frac{V_g}{Z_g + R}\right)^2 R$$

である。この P_R が最大になる条件は、

$$Z_g = R$$

のときである。このようにすることを整合という。

　そして、このときに R で消費される最大電力 $P_{\max}$ は、

$$P_{\max} = i^2 R = \left(\frac{V_g}{2R}\right)^2 R = \frac{V_g^2}{4R}$$

となる。

　整合条件は、第12.10図に示すように送信機の出力電力を給電線でアンテナに供給する場合にも適用される。同図の場合は、送信機の出力インピーダンスを Z、給電線の特性インピーダンスを Z_0、アンテナの給電点インピーダンスを R_a とし、伝送線路を無損失とすると、整合条件は $Z = Z_0 = R_a$ である。

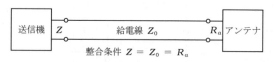

第12.10図　伝送線路による高周波電力の伝送

12.3.3　インピーダンス整合

(1)　**概要**

　アンテナの給電点インピーダンス R_a と給電線の特性インピーダンス Z_0 が一致していない場合は、定在波の発生を抑えるため、アンテナの給

電点インピーダンスを同軸ケーブルの特性インピーダンスに合わせるインピーダンス整合が行われる。

　インピーダンス整合は、第12.11図に示すようにアンテナの給電点で行われる。アンテナの特性や用途に応じて適切な方式が適用されるが、インピーダンス整合を広い周波数帯域で行うことは難しく、単一周波数での整合となることが多い。

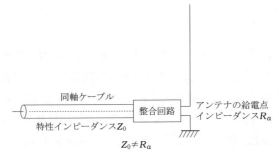

第12.11図　インピーダンス整合回路の挿入箇所

(2)　集中定数による整合

　一例として、コイルやコンデンサによる整合の方法を第12.12図に示す。コイル L のインダクタンスとコンデンサ C の容量を適切な値に調整するとアンテナの給電点インピーダンス R_a と同軸ケーブルの特性インピーダンス Z_0 を整合させることができる。

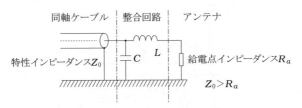

第12.12図　コイルとコンデンサによる整合

(3)　Qマッチ（1/4 波長インピーダンス変成器）

　第12.13図に示すように特性インピーダンスが Z_0 で電気長が 1/4 波長の同軸ケーブルの負荷側（受端）に R_a なる負荷が接続された場合、送端

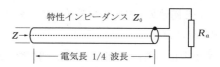

第12.13図　同軸ケーブルによるQマッチ

から見たインピーダンス Z は、次の式で示される。

$$Z = \frac{Z_0{}^2}{R_a}$$

$$\therefore\ Z_0 = \sqrt{Z \times R_a}$$

すなわち、インピーダンス Z と R_a を整合するには、特性インピーダンスが $Z_0 = \sqrt{Z \times R_a}$ で電気長が 1/4 波長の同軸ケーブルで接続すればよいことになる。例えば、給電点インピーダンス R_a が 33〔Ω〕のホイップアンテナを特性インピーダンス Z が 75〔Ω〕の同軸ケーブルで給電したい場合、第12.14図に示すように特性インピーダンス $Z_0 = \sqrt{33 \times 75} \fallingdotseq 50$ 〔Ω〕で電気長 1/4 波長の同軸ケーブルを挿入してアンテナに給電することでインピーダンス整合を取ることができる。なお、絶縁物としてポリエチレンを使用している同軸ケーブルの短縮率は0.68程度である。したがって、実際に必要な同軸ケーブルの長さは、$\lambda/4 \times 0.68$〔m〕となる。

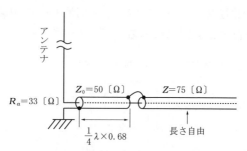

第12.14図　ホイップアンテナの整合

(4)　エレメントの折り返し

　　八木アンテナはエレメントの数により異なるが、アンテナの特性インピーダンスが 1/2 波長ダイポールアンテナの 1/4〜1/5 程度であるので、

一般の同軸ケーブルで給電するとインピーダンスの不整合となる。

そこで、第12.15図に示すような折り返しアンテナの給電点インピーダンスが 1/2 波長ダイポールアンテナの4倍になることを利用するインピーダンス整合が広く行われている。なお、折り返すことで周波数特性が広帯域になる利点もある。

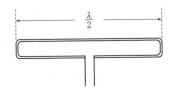

第12.15図　折り返しダイポールアンテナ

(5)　ガンマーマッチ

ガンマーマッチは、第12.16図に示すようにアンテナ素子（エレメント）の直径 D、マッチング素子の直径 d、素子間隔 S、ショートバーの位置となる l を適切に選ぶことにより、同軸ケーブルの特性インピーダンスとアンテナの給電点インピーダンスを整合する方式である。

ガンマーマッチは、後述するバランを用いないで同軸ケーブルで直接給電することができ、八木アンテナの整合に用いられることが多い。

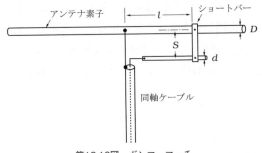

第12.16図　ガンマーマッチ

12.3.4　定在波

アンテナの給電点インピーダンス R_a と給電線の特性インピーダンス Z_0

が不整合の場合は、第12.17図に示すように送信機からアンテナに供給された高周波電力の一部が送信機側に戻る**反射波**が生じる。なお、送信機からアンテナに向かうものを**進行波**という。

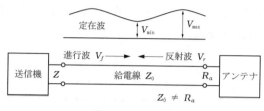

第12.17図　定在波

そして、給電線上の進行波と反射波は、互いに位相が合う位置では強め合い、逆位相の位置では弱くなり、給電線上に電圧の最大点と最小点を持つ波を生じさせる。この波は、最大点と最小点が給電線上で動かないので**定在波**と呼ばれる。

なお、インピーダンス整合が取れている場合は、進行波のみが効率よくアンテナに供給され、定在波が存在しない。

12.3.5　反射係数

特性インピーダンスが Z_0 の伝送線路に給電点インピーダンスが R_a のアンテナを接続し、高周波電力を伝送した場合、送信機よりアンテナに向かう進行波の電圧を V_f、逆に、アンテナから送信機側に戻る反射波の電圧を V_r とすると、反射する電圧の程度を示す反射係数 Γ は、次の式で与えられる。

$$\Gamma = \frac{V_r}{V_f} = \frac{R_a - Z_0}{R_a + Z_0}$$

12.3.6　定在波比（SWR）

整合の程度を表す数値として定在波比 SWR（Standing Wave Ratio）が用いられる。定在波比 S は、定在波の電圧の最大値 $V_{\max}$ と最小値 $V_{\min}$ を用いて次式で示される。また、反射係数 Γ を用いて表すこともできる。

$$S = \frac{V_{\max}}{V_{\min}} = \frac{V_f + V_r}{V_f - V_r} = \frac{1 + \dfrac{|V_r|}{|V_f|}}{1 - \dfrac{|V_r|}{|V_f|}} = \frac{1 + |\Gamma|}{1 - |\Gamma|}$$

　SWR の最小値は、整合状態のときの1である。したがって、SWR が1に近いほど整合状態が良いことになる。周波数や規格などで異なるが、SWR が1.2以下になるように整合回路で調整されることが多い。また、SWR は電圧で定義されることから電圧を意味する V を付けて VSWR とも呼ばれている。

　なお、実用的には送信機からアンテナへ向かう進行波電力 P_f とアンテナから送信機に戻る反射電力 P_r を通過型電力計で測定することが多い。その場合は、電力を平方根で電圧値にした次式で示される。

$$S = \frac{\sqrt{P_f} + \sqrt{P_r}}{\sqrt{P_f} - \sqrt{P_r}} = \frac{1 + \dfrac{\sqrt{P_r}}{\sqrt{P_f}}}{1 - \dfrac{\sqrt{P_r}}{\sqrt{P_f}}}$$

SWR が規格を超えて大きな値になると次のような不都合が生じる。
① 　反射損（反射波が生じることによる電力損失）が生じる。
② 　同軸ケーブルから電波が漏れ、電波障害の原因となる。
③ 　同軸ケーブル上に高周波の高電圧が発生するので危険である。
④ 　送信機の電力増幅回路の動作が不安定になる。
⑤ 　上記④により異常発振やスプリアスの発生要因となる。

12.3.7　平衡・不平衡の変換（バラン）

　ダイポールアンテナや八木アンテナのような平衡型アンテナに、不平衡伝送路である同軸ケーブルで給電すると、同軸の外側導体（シールド）に電流が流れ込み、アンテナの放射特性などが影響を受ける。
　また、この外部導体を流れる電流により同軸ケーブルから電波が発射され

222

ることがある。

　この不都合を解決する方法の一つとして、第12.18図に示すような平衡－不平衡の変換器であるバラン（Balun：Balance to unbalance）が用いられる。各種のバランが考案されているが、広帯域トランスを利用するものは、コイルの巻き方などによりインピーダンスを変換することもでき、VHF 帯を上限として利用されている。なお、バランの選定に際しては、周波数帯域と許容電力を確認する必要がある。

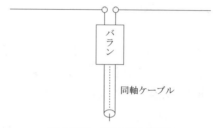

第12.18図　バランによる給電

12.4　各周波数帯の違いによる空中線（アンテナ）の型式及び指向性

12.4.1　概要

　多種多様のアンテナが、その特性を活かして無線通信などに用いられている。移動体通信には、水平面内指向性が全方向性のアンテナが適しており、移動局のアンテナには小型軽量が求められるが、基地局には性能を重視した大型のアンテナを架設することによって総合的に通信品質を向上させている。固定通信には水平面内指向性が単一指向性で利得のあるアンテナが用いられることが多い。

　また、アンテナの長さ（大きさ）は、使用電波の波長に関係するので、MF/HF 帯では長く（大きく）なる。このため、アンテナの物理的な長さを短くして、コイルなどを付加することで電気的に共振させるアンテナも用いられている。

　アンテナを選定する際には、指向性や利得などの特性だけでなく、用途、物理的な架設条件、経済性、維持管理の容易性などが総合的に検証される。

　ここでは、各周波数帯別に代表的なアンテナを紹介するが、その周波数帯に限定されるものではなく、他の周波数帯でも用いられることが多い。

12.4.2　MF 帯用アンテナ

　MF 帯では波長が非常に長いので、それに伴ってアンテナ長が長くなり、簡単に架設できない。そこで第12.19図に示すようにアンテナ線を T 型や L を逆にした型に架設し、不足する分を延長コイルで補う手法が用いられる。このようなアンテナの水平面内指向性は、概ね全方向性であるが、アンテナの設置環境に大きく影響される。この接地型アンテナでは、接地の良否がアンテナの性能に大きく影響するので設計及び日常の保守点検が重要となる。

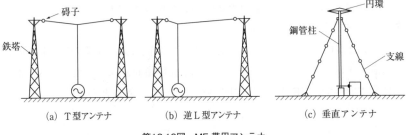

(a) T 型アンテナ　　(b) 逆 L 型アンテナ　　(c) 垂直アンテナ

第12.19図　MF 帯用アンテナ

12.4.3　HF 帯用アンテナ

(1)　概要

　HF 帯では全長が 1/2 波長のアンテナ素子（エレメント）の中央部より給電する 1/2 波長ダイポールアンテナが使用されることが多い。しかし、使用できる周波数帯域が狭いので運用周波数ごとに異なる長さのアンテナが必要となる。

　HF 帯では波長が 100〔m〕から 10〔m〕程度であるので高利得のアンテナや全帯域で使用できる広帯域アンテナは巨大な構造物となる。また、

複数の方向に向けた指向性アンテナや予備のアンテナを設置する送信所は広大な敷地を必要とする。

(2) 1/2 波長水平ダイポールアンテナ

　第12.20図(a)のようにアンテナ素子を水平に架設するのが水平ダイポールアンテナで水平面内指向性は、同図(b)に示すようにアンテナ素子と直角方向が最大点で、アンテナ素子の延長線方向が零となる8字特性である。

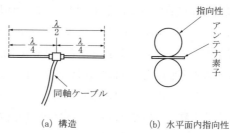

(a) 構造　　　　　　　(b) 水平面内指向性

第12.20図　1/2 波長水平ダイポールアンテナ

(3) 1/2 波長垂直ダイポールアンテナ

　第12.21図(a)に示すように、大地に対して垂直に架設するのは、1/2 波長垂直ダイポールアンテナと呼ばれ、水平面内指向性は、同図(b)に示すように全方向性で、HF 帯の高い周波数帯で用いられることが多い。

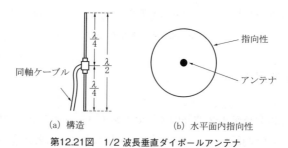

(a) 構造　　　　　　　(b) 水平面内指向性

第12.21図　1/2 波長垂直ダイポールアンテナ

12.4.4　VHF/UHF 帯用アンテナ

(1) ホイップアンテナ（Whip antenna）

　自動車の車体を大地に見立てると鏡面効果によりアンテナ素子の長さを

1/4 波長（λ/4）にすることができる。第12.22図(a)に示すホイップアンテ
ナは、この効果を利用しており、陸上・海上・航空移動無線局、携帯型ト
ランシーバなどで用いられることが多い。水平面内指向性は、同図(b)に示
すように全方向性である。

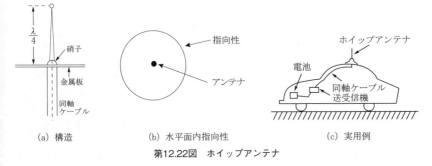

(a) 構造　　　　　(b) 水平面内指向性　　　　　(c) 実用例
第12.22図　ホイップアンテナ

(2) ブラウンアンテナ（Brown antenna）

　ブラウンアンテナは、第12.23図(a)に示すように１本の 1/4 波長のアン
テナ素子と大地の役割をする４本の 1/4 波長の地線で構成される。地線
が大地の働きをするのでアンテナを高い場所に架設でき、通信範囲の拡大
や通信品質の向上が図れる。水平面内指向性は、同図(b)に示すように全方
向性である。VHF/UHF 帯で運用される基地局で用いられることが多い。

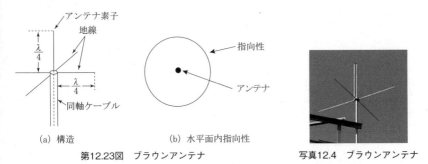

(a) 構造　　　　　(b) 水平面内指向性
第12.23図　ブラウンアンテナ　　　　　写真12.4　ブラウンアンテナ

(3) スリーブアンテナ（Sleeve antenna）

　スリーブアンテナは、第12.24図(a)に示すように同軸ケーブルの内導体

226

を約 1/4 波長延ばして放射素子とし、更に同軸ケーブルの外側に導体製の長さが 1/4 波長の円筒状スリーブを設けて上端を同軸ケーブルの外部導体（シールド）に接続したもので、全体で 1/2 波のアンテナとして動作させるものである。水平面内指向性は、同図(b)に示すように全方向性である。

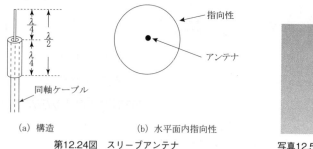

(a) 構造　　　　(b) 水平面内指向性

第12.24図　スリーブアンテナ

写真12.5　スリーブアンテナ

(4)　コリニアアレーアンテナ

コリニアアレーアンテナは、第12.25図(a)に示すようにスリーブアンテナを多段にしたものである。水平面内指向性は全方向性でスリーブアンテ

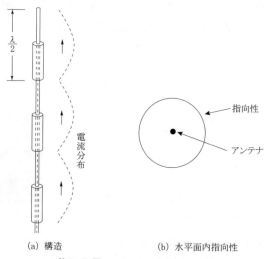

(a) 構造　　　　　　　(b) 水平面内指向性

第12.25図　コリニアアレーアンテナ

ナより利得が高い。必要に応じてスリーブアンテナの数を増やし高利得の
アンテナとして、VHF/UHF 通信の基地局で広く用いられているが、
UHF 帯で運用する陸上移動局でも用いられる。

(5)　八木アンテナ

(a)　構造

　　八木アンテナは、八木、宇田両博士の考案によるもので、第12.26図(a)
に示すように1/2波長ダイポールアンテナを放射器として中央に置き、そ
の後方、およそ1/4波長のところに、1/2波長より少し長い素子（エレメン
ト）の反射器を設け、逆に、1/4波長ほど前方に1/2波長より少し短い素子
（エレメント）の導波器を配置したものである。水平面内指向性は、同図
(b)に示すように単一指向性である。

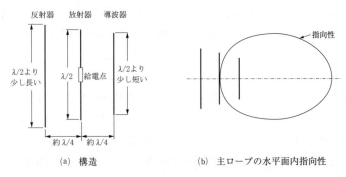

(a)　構造　　　　　　　　　　(b)　主ローブの水平面内指向性

第12.26図　八木アンテナ

　　八木アンテナは、導波器の本数を増やすとある程度まで利得が増え、そ
れに伴って水平面内指向性が鋭くなる。比較的簡単な構造で高い利得が得
られるアンテナとして、テレビ放送やFM放送の受信、VHF/UHF帯の電
波を用いる陸上固定通信などで広く用いられている。指向性があるのでア
ンテナの設置に際して方向調整を正しく行わなければならない。

　　なお、この八木アンテナは、第12.27図(a)に示すようにアンテナ素子を
大地に対して水平に架設すると水平偏波、同図(b)のように垂直にすると垂
直偏波となり、用途に合わせて使い分けられている。

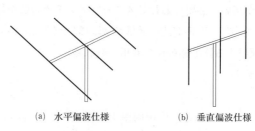

(a) 水平偏波仕様   (b) 垂直偏波仕様

第12.27図　八木アンテナと偏波面

(b)　導波器及び反射器の動作原理

　第12.28図は、水平偏波のアンテナの平面図である。同図(b)は素子を横方向から見たときの位相関係を示す。P に給電すると電波が放射され、R には距離 $\lambda/4$ に相当する位相 $\pi/2$〔rad〕だけ遅れた電圧を誘起する。R の長さは半波長より少し長いので誘導性のインピーダンスとなりこの導体に流れる電流は、誘起した電圧より更に $\pi/2$〔rad〕遅れる。通常、導体に電流が流れるとその電流より $\pi/2$〔rad〕位相の遅れた電波が放射されるから、R から再放射される電波の位相は更に $\pi/2$〔rad〕遅れることになる。したがって、R の左側では、P から放射された電波の位相とは逆位相（$-\pi$〔rad〕）となり、打ち消される。また、R から右側へ進む再放射波は位相が更に $\pi/2$〔rad〕遅れて P の位置へ到達するので、P の放射波より 2π〔rad〕遅れる。このため P の右側では、二つの電波が同位相となっ

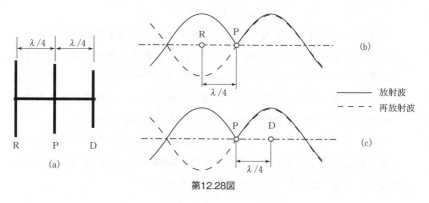

放射波
再放射波

第12.28図

て強め合う。したがって、R は電波を反射する役割を果たす。

　次に同図(c)は、前記と同様 D には $\pi/2$〔rad〕遅れた電圧が誘起される。D の長さは半波長より少し短いので容量性リアクタンスとなり、これに流れる電流は誘起電圧より $\pi/2$〔rad〕だけ進む。この電流による再放射は $\pi/2$〔rad〕だけ遅れるので、P からの電波と同位相となり、D より右側では強めあう。D から出て P の位置に到達する電波はさらに $\pi/2$〔rad〕位相が遅れるので、P の電波とは逆位相となり、P の左側では打ち消し合う。したがって、D は電波を強める役割を果たす。

(6)　コーナレフレクタアンテナ

　第12.29図のように、ダイポールアンテナに接近して、金属板又は金網などの平面反射器を置いたものがコーナレフレクタアンテナである。

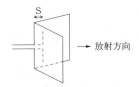

第12.29図　コーナレフレクタアンテナ

　このアンテナは容易に高い電力利得が得られ、また、副ローブ（サイドローブ）の比較的少ないことが特徴で、両反射板の開き角が利得及び指向性に著しい影響を与える。開き角が90°の場合の指向性は、第12.30図のようになり、$S = \dfrac{\lambda}{2}$ のときは単一指向性になる。S を大きくすると利得は少し大きくなるが、サイドローブが目立ってくる。

　なお、一般に開き角は、90°又は60°が用いられ、放射用アンテナを一次

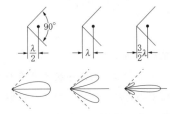

第12.30図　コーナレフレクタアンテナの指向性

放射器、レフレクタを二次放射器と呼ぶことがある。

12.4.5　SHF 帯用アンテナ

(1)　電磁ホーン

　　電磁ホーンは、一端の広がった導波管に類似するものであって、給電用の導波管内を伝搬している電磁界を徐々に広がらせて反射を防ぎ、電波として球面波を放射させるものである。

　　その形から分類すると、第12.31図のように、扇形ホーン、角錐ホーン、円錐ホーンなどがあるが、そのうち、扇形ホーンと角錐ホーンが多く実用されている。一般に、電磁ホーン内の電磁界分布は、それに接続された導波管内の電磁界分布を、そのまま拡大したものにほぼ等しい。

(a)扇形電磁ホーン　　(b)角錐電磁ホーン　　(c)円錐電磁ホーン　(d)主ローブの水平面内指向性

第12.31図　電磁ホーン

　　電磁ホーンの特徴は、次のとおりである。

①　3,000〔MHz〕以上では比較的小型で、単一指向性が得られる。

②　開口面積が一定の場合、ホーンの長さが長いほど利得が大きくなる。

③　角錐ホーンの場合、ホーンの長さを一定にしたまま、開き角を変えると、利得はある開き角で極大値をもつ。利得が極大となるホーンを最適ホーンという。

④　側面放射が少ない。

⑤　広帯域性がある。

⑥　構造が簡単で調整が容易である。

　　なお、角錐ホーンアンテナは、形が単純であるので、理論的計算によって利得がかなり正確に求められるため、マイクロ波アンテナの利得を測定するときの標準アンテナとして用いられる。

(2)　パラボラアンテナ

(a)　構造

マイクロ波において広く実用されているアンテナに、パラボラアンテナがある。これは、別の一次放射器によって放射された電波を、第12.32図に示すパラボラの性質を利用して一方向にそろえ、かつ、位相を一致させるようにしたものである。

線状放射源に対しては、図(a)のような筒状放物面反射器を用い、点放射源には、図(b)のような回転放物面反射器を用いている。この場合、放射源は焦点に置く。

(a)筒状放物面反射器　　(b)回転放物面反射器　　(c)主ローブの水平面内指向性

第12.32図　パラボラ形反射器

(b)　原理

第12.33図のように、パラボラアンテナの焦点に一次放射器を置くと、光の場合と同様に放物面に入ってきた平行な電波は、すべて焦点 F で一緒になる。逆に、F から出る電波は放物面に当たり、すべて平行に出ていくことになる。すなわち、F から放射された球面波の電波が放物面で平面波となって放射される。

第12.33図　パラボラの幾何学的性質

(c) 特徴

パラボラアンテナの特徴は、次のとおりである。

① 利得が大きい。

パラボラアンテナの絶対利得 G は、次式で表される。

$$\left.\begin{array}{l} G = \dfrac{4\pi S}{\lambda^2} \times \eta \\[3mm] G = 10\log\left(\dfrac{4\pi S}{\lambda^2}\eta\right)〔\text{dBi}〕 \\[3mm] S = \dfrac{\pi D^2}{4} \end{array}\right\} \qquad \cdots(12\cdot3)$$

ただし、η：開口効率　　　S：放物面鏡の幾何学的開口面積
　　　　D：開口面の直径　λ：自由空間波長

上式より、G は $\dfrac{1}{\lambda^2}$ に比例するので、波長が短くなるに従って非常に大きくなり、マイクロ波では、30〜40〔dBi〕のものが容易に得られる。

また、G は、S に比例するので、開口面積を大きくすると、利得は増大する。

② 指向性が鋭い。

開口面の直径を D とすれば、波長 λ に比べて十分大きな開口面の場合は、ビームの半値幅 θ は、

$$\theta \fallingdotseq \dfrac{70\lambda}{D} 〔度〕（70は定数で一般に50〜80の範囲）\qquad \cdots(12\cdot4)$$

で与えられる。上式は、θ が20°以下の場合は正確であり、周波数が高く、直径の大きいほど指向性は鋭くなることを表している。

③ 集束作用が周波数に無関係である。

④ サイドローブが生じやすい。

一次放射器や給電線などが鏡面の前方に置かれるために、電波の通路を妨害する。そのため電波が散乱してサイドローブが生じ、指向性を悪化させる。

(3)　ホーンレフレクタアンテナ

　　電磁ホーンから出る球面波を、パラボラ反射器を用いて平面波に変換するもので、非常に広い周波数帯域をもたせることができる。第12.34図は角錐ホーンレフレクタアンテナの構造を示しており、導波管に接続されている角錐ホーンは緩やかに開口し、球面波はパラボラ反射器によって平面波に変換され、方向を変えて放射される。このため、給電部の特性は良好であり、反射器から戻る反射波はほとんどなく、非常に広い帯域にわたって良好な特性が得られ、サイドローブ特性も優れている。垂直偏波と水平偏波が同時に使用できる特徴をもっている。

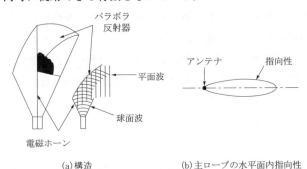

(a)構造　　　　　　　　　(b)主ローブの水平面内指向性

第12.34図　ホーンレフレクタアンテナ

(4)　オフセットパラボラアンテナ

　　第12.35図は回転放物面の中心部でない部分を反射鏡として用いたオフセットパラボラアンテナである。

　　一次放射器は、回転放物面の焦点 F の位置に、回転放物面の軸 OF に対して傾けて置かれる。

　　オフセットパラボラアンテナの特徴は、次のとおりである。

①　反射波が一次放射器等によって乱されることがないので、利得、指向性、偏波面などに対する悪影響が非常に軽減される。

②　サイドローブ特性が改善される。

③　見通し外伝搬用などの固定大口径アンテナの場合には、一次放射器を

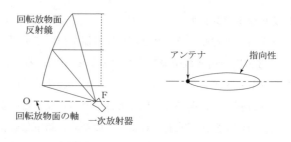

(a)構造   (b)主ローブの水平面内指向性

第12.35図　オフセットパラボラアンテナ

地上に設置できる利点がある。

④　反射鏡を水平に近くして風圧を軽減させたり、垂直に近くして積雪や
着氷が減少するような構造にできる。

⑤　一次放射器が開口面の正面にないため、鏡面からの反射波は、ほとん
ど一次放射器に戻らない。また、一次放射器の指向性を鋭くすれば、開
口効率はほとんど低下しない。

(5)　カセグレンアンテナ

(a)　構造

第12.36図は主反射鏡、副反射鏡及び一次放射器で構成されるカセグレ
ンアンテナである。通常、一次放射器には電磁ホーンが用いられる。副反
射鏡の二つの焦点の一方は一次放射器の位相中心（観測点における波面の

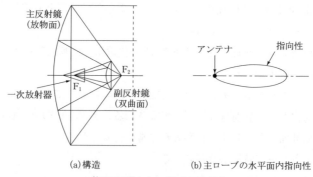

(a)構造   (b)主ローブの水平面内指向性

第12.36図　カセグレンアンテナ

曲率中心）と一致させ、他方は主反射鏡の焦点と一致させる。一次放射器
からの球面波は副反射鏡で球面波のまま反射され、主反射鏡で平面波に変
換されて外部に放射される。

(b)　特徴

① 　一次放射器の入出力端を主反射鏡の頂点付近に設けることができ、給
　電線を短くできる。

② 　開口の大きな一次放射器が使え、広帯域である。

③ 　反射鏡系によって生じる交差偏波成分が小さい。

④ 　副反射鏡の直径が大きいとブロッキングが増大し、また小さいと反射
　鏡としての働きが悪くなる。

(6)　スロットアンテナ

　　スロットアンテナは、第12.37図に示すように波長に比べて十分に広い
導体板にスロットを切り、アンテナ素子とするものである。スロットアン
テナでは、放射される電波の偏波方向が一般のアンテナと逆になり、垂直
に切られたスロットからは水平偏波が放射される。そして、水平に切られ
たスロットからは垂直偏波が放射される。

　　スロットの長さ l を 1/2 波長として、同図(a)のように中央で給電する
と同図(b)に示す補対アンテナと呼ばれるダイポールアンテナが形成され
る。なお、給電位置によりアンテナの入力インピーダンスが異なるので、

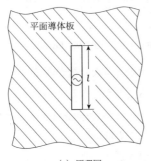

(a)　原理図　　　　　　　　　(b)　補対アンテナ

第12.37図　スロットアンテナ

236

給電位置を変えることにより給電線の同軸ケーブルの特性インピーダンスと整合させることができる。

(7) アダプティブアレイアンテナ

　アダプティブアレイアンテナは、第12.38図に示すように多数のアンテナ素子から成り、各アンテナ素子への給電位相を変えることで指向性を形成するもので、指向性の方向を自由に設定できる。ビーム形成器(BFU)は、各アンテナ素子への給電位相と大きさを制御し、空中線の指向性を形成する役割を担っている。これにより主ローブを希望する方向に向けることが可能となり、移動しながら主ローブを静止衛星へ向けることもできる。

　このようにアンテナの物理的方向を変えないで主ローブの方向を電気的に希望方向に向けることにより信頼性の高い通信回線を確保している。また、この特性を利用して、電波の発射方向や受信方向を設定し、更に干渉電波の到来方向にヌル点（null：零点）を向け干渉波を弱め、通信の品質を改善することもできる。

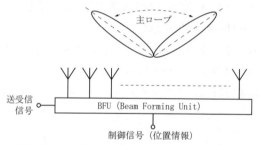

第12.38図　アダプティブアレイアンテナの構成概念図

　アダプティブアレイアンテナには次のような特徴がある。

① 指向性パターンを上下左右に振ることができる。

② 指向性パターンのヌル点（null：零点）の方向を変えることができる。

③ サイドローブが少なく、そのレベルも低い。

④ 高いアンテナ利得を得ることができる。

⑤ システムが複雑で高価である。

　　上記①と②は、他の無線局からの電波による干渉を軽減する手段として有効である。また、複数の基地局のサービスエリアを効率よく調整する際にも有効な方法として利用されている。

(8)　**導波管スロットアレイアンテナ**

　　導波管スロットアレイアンテナは、第12.39図に示すとおり方形導波管の側面に互いに傾斜が逆方向の多数のスロットを持つ構造で、導波管の一方の端から給電するアレイアンテナである。レーダーなどに用いられ、通常、スロットの数は数十から数百程度である。

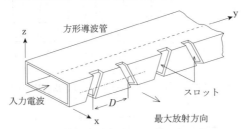

第12.39図　導波管スロットアレイアンテナ

　　導波管内を伝搬するTE_{10}モードの電波の管内波長をλ_gとすると、方形導波管の側面に$D = \lambda_g/2$ごとのスロットを切る。隣り合う一対のスロットペアから放射される電波の電界の水平成分は同位相となり、垂直成分は逆位相となるので、方形導波管のx-y面を大地と平行に設置した場合、アレイアンテナ全体として水平偏波を放射する。水平面内の主ローブは、スロット数が多いほど狭くなる。

(9)　**フェーズドアレイアンテナ**

　　第12.40図に示すように同じアンテナ素子をある間隔で並べ、各アンテナ素子に加える高周波信号の大きさと位相の組み合わせを調整することにより指向性と利得を得るものをフェーズドアレイアンテナという。

　　写真12.6に気象用レーダーアンテナに用いられているスロットアンテナによるフェーズドアレイアンテナの様子を示す。

　　フェーズドアレイアンテナには次のような特徴がある。

① 必要な指向性パターン（水平面及び垂直面）の形成が比較的簡単にできる。

② サイドローブを軽減できる（制御できる）。

③ 高いアンテナ利得を得ることができる。

第12.40図　フェーズドアレイアンテナの構成概念図

写真12.6　フェーズドアレイアンテナの一例

第13章　電波伝搬

13.1　各周波数帯における伝搬特性

13.1.1　概要

　アンテナから放射された電波が空間を伝わる際に受ける影響は、周波数と電波の伝わる環境によって大きく異なる。

　HF 帯の電波は、第13.1図に示すように地球の上空に存在する**電離層**で反射され遠くまで伝わる。しかし、電離層の状態が時々刻々変化するので**電離層反射波を利用する通信は、不安定で信頼性が低い**。

　一方、VHF/UHF/SHF 帯の電波は、同図に示すように電離層を突き抜け、地上に戻ってこない。VHF/UHF 帯の電波が伝わる範囲は、アンテナが見通せる距離を少し越える程度であり、アンテナの高さや伝搬路の状態によって異なる。SHF 帯の電波は、直接波の伝搬が主体となる。

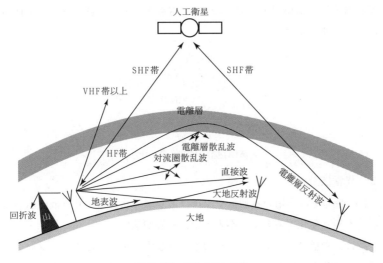

第13.1図　電波の伝わり方

メ　モ

人工衛星による中継を利用する通信には、電離層を突き抜け、雨による減衰や電波の伝搬に伴う損失が少ない周波数が用いられることが多い。

13.1.2 MF/HF 帯の電波の伝わり方
(1) MF 帯の電波の伝わり方
(a) 基本伝搬

MF 帯（中波）では、昼間は電離層波を利用できないので、地表波（地表に沿って伝わる波）が主体となる。

(b) 異常伝搬

夜間になると、電離層の状態が変わり、電離層で反射された電波が地上に戻るので遠距離にまで伝わる。例えば、夜間に 500〔km〕～1000〔km〕離れた場所の中波のラジオ放送が聞こえるのは、このためである。

(2) HF 帯の電波の伝わり方
(a) 基本伝搬

HF 帯（短波）では地表波の減衰が大きいので、電離層波が主体となる。電離層波は、第13.2図に示すように、電離層と大地の間を反射して伝搬するので、遠くまで伝わる。

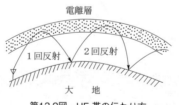

電離層

1回反射　2回反射

大　地
第13.2図　HF 帯の伝わり方

(b) 異常伝搬

HF 帯の電波を用いる通信や放送は電離層の状況により電波の伝わり方が時々刻々変化するので、不安定で信頼性が低い。

特に、受信に際して、受信音の強弱やひずみを生じるフェージングと呼ばれる現象がしばしば発生する。このフェージングは、主に電離層の状態

が時々刻々変化することに起因する。また、地上波と電離層波など複数の異なった伝搬経路を通ってきた電波の干渉などによっても生じる。

さらに、太陽の活動の異常によって電離層が乱されると、HF 帯の電波は電離層で吸収され、反射されなくなることがある。

13.1.3 VHF/UHF 帯の電波の伝わり方

(1) 基本伝搬

VHF/UHF 帯（超短波／極超短波）の電波は、電離層を突き抜けるので伝わる範囲が後述する電波の見通し距離に限定される。このため、VHF 帯より高い周波数帯では、アンテナを高い所に設置すると電波は遠くまで伝わる。また、VHF/UHF 帯の地表波は、送信地点の近くで減衰するので通信に使用できない。

一般に、VHF/UHF 帯では、第13.3図に示すように送信アンテナから放射された電波が直進して直接受信点に達する直接波と地表面で反射して受信点に達する大地反射波の合成波が受信される。しかし、直接波より反射波が時間的に遅れて到達するので、直接波と反射波が干渉することがある。

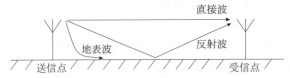

第13.3図　VHF/UHF 帯の電波の伝わり方

(2) 異常伝搬

VHF/UHF 帯の電波は、山やビルなどで遮断され、電波の見通し距離内であっても、その先へ伝搬しない。しかし、山やビル（建物）などで反射されることで多重伝搬経路（マルチパス）が形成され、遅延波が発生する。また、春から夏にかけて時々発生する電離層のスポラジックE層（Es層）で反射され電波の見通し距離外へ伝わることがある。更に、上空の温度の異常（逆転層）などにより大気の屈折率が通常と異なることで生じる

ラジオダクト内を伝搬し、電波の見通し距離外へ伝わることがある。

　なお、VHF 帯以上の電波は見通し外では急激に弱くなるが第13.4図に示すように２地点間に山岳があると**回折現象**によって強く受信されることがある。

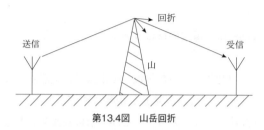

第13.4図　山岳回折

(3)　特徴

　VHF/UHF 帯の電波の伝搬には、次のような特徴がある。

①　直接波は、電波の見通し距離内の伝搬に限定される。

②　地表波は、送信地点の近くで減衰する。

③　大地や建物などで反射されマルチパス波が生じる。

④　市街地では直接波とマルチパス波の合成波が受信されることが多い。

⑤　スポラジックＥ層を除き電離層を突き抜ける。

⑥　VHF 帯の電波はスポラジックＥ層やラジオダクトによる異常伝搬で見通し距離外へ伝搬することがある。なお、UHF 帯の電波はラジオダクトの影響を受け異常伝搬する。

⑦　ビルなどの建物内に入ると大きく減衰する。

13.1.4　SHF 帯の電波の伝わり方

(1)　基本伝搬

　SHF 帯では、送信アンテナから受信アンテナに直接伝わる直接波による伝搬が主体である。SHF 帯の電波は、電離層を突き抜けるので、電波の見通し距離内での伝搬となる。また、地表波も送信点の近くで減衰するので通信に利用できない。

この周波数帯では、VHF/UHF 帯と同様に送受信アンテナを高いところに架設すると、見通せる距離が伸びるので電波が遠くまで伝わる。

(2)　異常伝搬

SHF 帯の電波は、次のような異常伝搬によって伝わることがある。

①　複数の経路を経て受信点に到達する多重伝搬。

②　ラジオダクトによる見通し外伝搬。

③　山岳回折による見通し外伝搬。

④　10〔GHz〕を超えると雨滴による減衰を受けやすくなる。

(3)　特徴

SHF 帯電波の伝搬には、VHF/UHF 帯の電波と比べて次のような特徴がある。

①　電波の伝わる際の直進性がより顕著である。

②　伝搬距離に対する損失（伝搬損失）が大きい。

③　建物の内部などに入ると大きく減衰する。

④　雨滴減衰を受けやすい。

⑤　長距離回線は、大気の影響などにより受信レベルが変動しやすい。

13.2　VHF 帯以上の周波数帯における伝搬特性

13.2.1　直接波と反射波

VHF 帯より高い周波数帯では、地上波のうち地表波は送信アンテナから少し離れれば弱まるので、受信点に到達するのは、直接波と大地反射波だけとなるから、受信電界は、直接波と大地反射波の合成されたものとなる。いま、第13.5図のように、大地を完全導体の平面とみなし、受信点 R における電界強度を計算によって求めてみる。

第13.5図において、送受信アンテナ間の直接波の通路長を r_1、大地反射波の通路長を r_2 としたとき、大地反射に際して位相が反転すると考えて、直接波の電界 E_1 と大地反射波の電界 E_2 とを合成したものが受信点 R にお

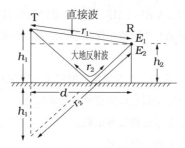

第13.5図　地上波の伝搬通路

ける電界強度となる。電界強度については、$r_1 \fallingdotseq r_2 \fallingdotseq d$ とみなし得るので、自由空間の電界強度を E_0〔V/m〕とすれば、

$$E_1 = E_0 \sin \omega \left(t - \frac{r_1}{c} \right)$$

$$E_2 = E_0 \sin \left\{ \omega \left(t - \frac{r_2}{c} \right) - \pi \right\} = -E_0 \sin \omega \left(t - \frac{r_2}{c} \right)$$

となり、合成電界を E とすると、

$$E = E_1 + E_2 = E_0 \sin \omega \left(t - \frac{r_1}{c} \right) - E_0 \sin \omega \left(t - \frac{r_2}{c} \right)$$

$$= E_0 \left\{ \sin \left(\omega t - \frac{2\pi}{\lambda} r_1 \right) - \sin \left(\omega t - \frac{2\pi}{\lambda} r_2 \right) \right\}$$

$$= 2 E_0 \sin \frac{\dfrac{2\pi}{\lambda}(r_2 - r_1)}{2} \cos \frac{2\omega t - \dfrac{2\pi}{\lambda}(r_1 + r_2)}{2}$$

絶対値をとれば、

$$|E| = 2 E_0 \sin \frac{\dfrac{2\pi}{\lambda}(r_2 - r_1)}{2} \qquad \cdots (13 \cdot 1)$$

しかるに、図から、

$$r_1 = \sqrt{d^2 + (h_1 - h_2)^2} = d \sqrt{1 + \left(\frac{h_1 - h_2}{d} \right)^2}$$

$$= d\left\{ 1 + \frac{1}{2}\left(\frac{h_1 - h_2}{d} \right)^2 + \cdots\cdots \right\} \quad (2\text{項定理による。})$$

また、

$$r_2 = \sqrt{d^2 + (h_1 + h_2)^2} = d\sqrt{1 + \left(\frac{h_1 + h_2}{d} \right)^2}$$

$$= d\left\{ 1 + \frac{1}{2}\left(\frac{h_1 + h_2}{d} \right)^2 + \cdots\cdots \right\} \quad (2\text{項定理による。})$$

$$\therefore \quad r_2 - r_1 \fallingdotseq d\left\{ \frac{1}{2}\left(\frac{h_1 + h_2}{d} \right)^2 - \frac{1}{2}\left(\frac{h_1 - h_2}{d} \right)^2 \right\}$$

(d に比べ h_1 及び h_2 が極めて小さいから、第3項以下省略)

$$r_2 - r_1 = d\left(\frac{2 h_1 h_2}{d^2} \right)$$

$$= \frac{2 h_1 h_2}{d}$$

これを式（13・1）に代入すれば、

$$|E| = 2 E_0 \sin \frac{2\pi h_1 h_2}{\lambda d} \qquad\qquad\qquad \cdots(13\cdot2)$$

また、$\dfrac{2\pi h_1 h_2}{\lambda d}$ が非常に小さいとき、すなわち、0.5〔rad〕以下ならば、

$$\sin \frac{2\pi h_1 h_2}{\lambda d} \fallingdotseq \frac{2\pi h_1 h_2}{\lambda d}$$

とおけるから、

$$|E| \fallingdotseq \frac{4\pi h_1 h_2}{\lambda d} E_0$$

となる。

距離に対する電界強度の変化の様子を第13.6図に示す。

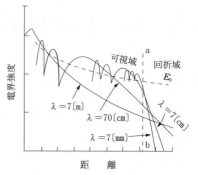

第13.6図　VHF、マイクロ波の電界強度

13.2.2　自由空間における電力の伝搬損失

　第13.7図に示すように自由空間に絶対利得 G_t の送信アンテナと絶対利得 G_r の受信アンテナが距離 d〔m〕離れて置かれている場合、送信アンテナに P_t〔W〕の電力を供給すると受信アンテナより取り出せる電力 P_r〔W〕を求める。

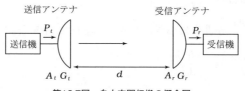

第13.7図　自由空間伝搬の概念図

　距離 d の受信点における電力密度 P〔W/㎡〕は、次式で与えられる。

$$P=\frac{G_t P_t}{4\pi d^2}\ \text{〔W/㎡〕}$$

　受信アンテナの実効面積を A_r〔㎡〕とすると受信電力 P_r〔W〕は、次式で与えられる。

$$P_r=PA_r=\frac{G_t P_t}{4\pi d^2}A_r\ \text{〔W〕}$$

　ここで、A_r〔㎡〕は、波長を λ〔m〕とすると次式で与えられる。

$$A_r = \frac{\lambda^2}{4\pi} G_r \ \text{〔m}^2\text{〕}$$

したがって、受信電力 P_r は、次式で与えられる。

$$P_r = \frac{G_t P_t}{4\pi d^2} \times \frac{\lambda^2}{4\pi} G_r = \left(\frac{\lambda}{4\pi d}\right)^2 G_t G_r P_t \ \text{〔W〕}$$

これは自由空間を伝搬して受信点に伝達される電力であり、フリスの伝達公式と呼ばれている。

なお、送信アンテナと受信アンテナの絶対利得が1であるとき、次式は電波が自由空間を伝搬した結果生じた基本的な損失を示しており、**自由空間基本伝搬損失** L_o と呼ばれている。

$$\frac{P_t}{P_r} = \left(\frac{4\pi d}{\lambda}\right)^2$$

よって、自由空間基本伝搬損失 L_o 〔dB〕は、次式となる。

$$L_o = 10 \log_{10} \left(\frac{4\pi d}{\lambda}\right)^2 = 20 \log_{10} \frac{4\pi d}{\lambda} \ \text{〔dB〕}$$

実用的には、周波数を f 〔MHz〕、距離を d 〔km〕とする次式が用いられることが多い。

$$L_o \ \text{〔dB〕} = 32.4 + 20 \log_{10} f \ \text{〔MHz〕} + 20 \log_{10} d \ \text{〔km〕}$$

例えば、周波数が 1000〔MHz〕の電波が自由空間を 10〔km〕伝搬した場合の自由空間基本伝搬損失 L_o は、

$$L_o = 32.4 + 20 \log_{10} 1000 + 20 \log_{10} 10 = 112.4 \ \text{〔dB〕}$$

として求められる。

13.2.3　レベル図

第13.8図は、7〔GHz〕帯、出力 1〔W〕の送信機を用い、通信区間 50〔km〕とした場合の送受信間のレベル図の一例を示したものである。

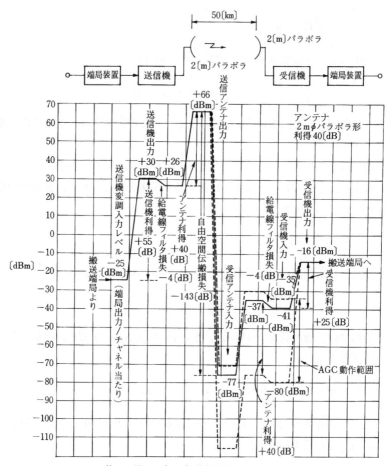

第13.8図　7〔GHz〕帯固定回線のレベル図

　搬送端局装置により、−25〔dBm〕（1チャネル当たり）のベースバンド
信号出力が送信機に加えられ、所定の変調、周波数変換、増幅等が行われ、
送信機の出力として 30〔dBm〕が得られる。

　この送信機出力は、給電線損失、フィルタ損失を受けて（この場合の損失
は、−4〔dB〕としてある。）、送信アンテナに供給される。

　アンテナは、直径 2〔m〕のパラボラ形を使用するとして、その電力利得は約 40〔dB〕程度得られるので、最終の送信出力としては、+66〔dBm〕となって放射される。

　放射電力は、50〔km〕の伝搬距離で約−143〔dB〕の自由空間伝搬損失を受けるので、受信アンテナ入力としては−77〔dBm〕となる。

　受信電力は、アンテナ利得 40〔dB〕を得て−37〔dBm〕となり、給電線、フィルタ損失約 4〔dB〕を受けた後、−41〔dBm〕の受信機入力となる。

　受信機において、周波数変換、中間周波増幅、振幅制限を受けた後、周波数弁別器で復調され、最終的に−16〔dBm〕のベースバンド信号となって、搬送端局装置に供給される。

　なお、このとき、受信機の AGC 特性により、受信機入力が −35〔dBm〕から −80〔dBm〕の範囲で変化しても、受信機出力はほぼ一定に保たれるので、伝搬途中において生じるフェージング等に対する許容変動幅は、標準レベルに対して +6〔dB〕、−39〔dB〕、すなわち、45〔dB〕の幅をもっていることになる。

　また、送信機及び受信機の各部分におけるレベルも、その基準値を定めて、各部相互間の受渡しレベルを適正に調整されるが、これらは、それぞれの回路構成によって定まるものである。

13.2.4　大気中の電波の屈折率

(1)　屈折率

　電波が一つの媒質から他の媒質に入るときには、その境界面において屈折する。

　すなわち、第13.9図に示すように、異なる媒質Ⅰ、Ⅱの境界面を電波が通過するとき、その入射角を θ_i とすれば、媒質Ⅱにはこれと異なる屈折角 θ_t で進入する。

　つまり、電波は、境界面において方向を曲げられるが、その現象には、ちょうど光が水面で屈折するのと同様に、屈折の法則が当てはまる。

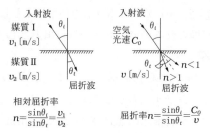

第13.9図　電波の屈折

　すなわち、媒質Ⅰ、Ⅱにおける電波の速度をそれぞれ v_1、v_2 とすれば、スネルの法則により、

$$\frac{\sin\theta_i}{\sin\theta_t} = \frac{v_1}{v_2} \qquad \cdots(13\cdot3)$$

が成立する。

　このとき、v_1 / v_2 を境界面における相対屈折率と呼ぶが、通常、略して単に屈折率といい、一般に n で表される。

　また、媒質Ⅰが真空又は空気であるときの相対屈折率は、媒質Ⅱ特有の値となるが、これを媒質Ⅱの屈折率といい、

$$\frac{\sin\theta_i}{\sin\theta_t} = \frac{c_0}{v} \qquad \cdots(13\cdot4)$$

で表される。

　ただし、c_0：光速〔m/s〕

　　　　　v：媒質中の電波の速度〔m/s〕

　一般に、n は媒質の誘電率、透磁率、導電率で決まる値で、例えば、媒質が誘電体のとき、比誘電率、比透磁率をそれぞれ ε_s、μ_s とすると、位相速度 v は、$v = \dfrac{c_0}{\sqrt{\varepsilon_s\mu_s}}$ で表されるから、

$$n = \frac{c_0}{v} = \frac{c_0}{\dfrac{c_0}{\sqrt{\varepsilon_s\mu_s}}} \qquad \cdots(13\cdot5)$$

$$= \sqrt{\varepsilon_s\mu_s}$$

$$n = \sqrt{\varepsilon_s} \qquad (\because \quad 大気中では \mu_s = 1) \qquad \cdots(13 \cdot 6)$$

となる。

したがって、大気は上空にいくに従い、ε_s が小（1に近付く）となるから、それに伴って、相対屈折率は1に近付く、そのため、電波は、大気中では直進せずに地球方向にわずかに曲げられることになる。

(2) 修正屈折率とM曲線

電波通路を決めるには、地球の湾曲を考慮して屈折の問題を考えねばならない。いま、第13.10図に示すように、屈折率が地球の半径方向に階段状に変化するものとすれば、スネルの法則を用いて、次の関係を導くことができる。

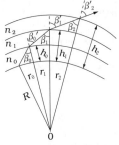

第13.10図　電波通路

$$\left. \begin{array}{l} n_0 \sin\beta_0 = n_1 \sin\beta_0' \\ n_1 \sin\beta_1 = n_2 \sin\beta_1' \end{array} \right\} \qquad \cdots(13 \cdot 7)$$

上式の第1式に r_0、第2式に r_1 をかけると、

$$\left. \begin{array}{l} n_0 r_0 \sin\beta_0 = n_1 r_0 \sin\beta_0' \\ n_1 r_1 \sin\beta_1 = n_2 r_1 \sin\beta_1' \end{array} \right\} \qquad \cdots(13 \cdot 8)$$

となる。

一方、三角形の正弦法則によれば、

$$\frac{\sin\beta_0'}{r_1} = \frac{\sin\beta_1}{r_0} \qquad \cdots(13 \cdot 9)$$

であるから、式（13・8）と（13・9）により、

$$n_0 r_0 \sin\beta_0 = n_1 r_1 \sin\beta_1 \qquad \cdots(13 \cdot 10)$$

となり、この方法を続けてゆけば、

$$n_0 r_0 \sin\beta_0 = n_1 r_1 \sin\beta_1 = n_2 r_2 \sin\beta_2$$

となるから、一般に、通路上のあらゆる点で $nr\sin\beta$ という値が一定であることが分かる。いま、一つの通路を考え、その地表付近での屈折率を n_0、入射角を β_0、また、任意の高さでのそれらの値を n、β とすると、地表では、$r_0 = R$（R は地球の半径）であるから、

$$nr\sin\beta = n_0 R\sin\beta_0 \qquad \cdots(13 \cdot 11)$$

となる。高さを h とすれば、$r = R + h$ であるから、上式の両辺を R で割れば、

$$n\left(1 + \frac{h}{R}\right)\sin\beta = n_0 \sin\beta_0 \qquad \cdots(13 \cdot 12)$$

となる。ところが n は、ほとんど 1 に等しいから、$n\left(1+\dfrac{h}{R}\right)$ は、近似的に $\left(n+\dfrac{h}{R}\right)$ で置き換えることができる。したがって、

$$\frac{\sin\beta_0}{\sin\beta} = \frac{n + \dfrac{h}{R}}{n_0} \qquad \cdots(13 \cdot 13)$$

すなわち、$n+\dfrac{h}{R}$ は、高さ h を考慮に入れた屈折率と見なすことができる。電波通路を定めるには、n の代わりにこのような屈折率を考えたほうが便利であり、これを修正屈折率 $m = \left(n+\dfrac{h}{R}\right)$ という。

前述のとおり、n はほとんど 1 に等しく（1.0004程度）、R は6,378kmと数値的に扱いにくいので、修正屈折率 m から 1 を引いて 10^6 倍した修正屈折係数 M も用いられる。

この場合、上式は次のように展開できる。

$$M = \left\{(n-1) + \frac{h}{R}\right\} \times 10^6$$

ここで、$(n-1)\times 10^6$ は400程度であり、これを N とする。

また、$\left(\dfrac{h}{R}\right)\times 10^6$ は0.157h となる。書き直すと、

$$M = N + 0.157h \qquad \cdots(13\cdot14)$$

標準大気中では、M の値は高さとともに直線的に増加する。

(3)　**地球の等価半径**

第13.11図は、屈折を考えた場合の電波通路を表したもので、図(a)は、地球の半径をそのままとして描いた電波通路で、点線は屈折のない幾何学的（あるいは光学的ともいう。）通路を示し、点 a は、幾何学的水平線、実線は実際の電波通路であり、点 b は、屈折を考えた場合の水平線で、いわゆるラジオ水平線（radio horizon）という。図(b)は、地球の半径を $\frac{4}{3}$ 倍して描いたもので、実際の電波通路は、実線のように仮想地球に引いた接線となり、幾何学的通路は、点線のようになる。地球の等価半径を用いると電波通路を直線で表すことができる。障害物のある伝搬回線を考える場合に見通しが利くかどうかの判別がしやすい。

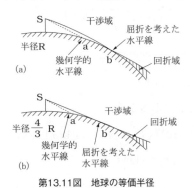

第13.11図　地球の等価半径

13.2.5　電波の見通し距離

一般に、地上高 h_1〔m〕と h_2〔m〕の2点間の見通し距離 d は、幾何学的にみた場合、次式によって求められる。

$$d = 3.57(\sqrt{h_1} + \sqrt{h_2}) \text{〔km〕（光学的見通し距離）}$$

これは、第13.12図において、見通し線にある地上距離 $\overset{\frown}{ABC}$ は、h_1 及び h_2 が r_0 に比べて極めて小さいから、$\overset{\frown}{ABC} ≒ \overset{\frown}{TBR} = d$ とみなして、次のよ

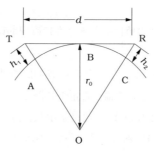

第13.12図　見通し距離

うに計算できるからである。

$$d = \overline{\text{TB}} + \overline{\text{BR}} = \sqrt{(r_0+h_1)^2 - r_0^2} + \sqrt{(r_0+h_2)^2 - r_0^2}$$

$$= \sqrt{2r_0 h_1 + h_1^2} + \sqrt{2r_0 h_2 + h_2^2}$$

$$= \sqrt{2r_0}\left\{ \sqrt{h_1 + \frac{h_1^2}{2r_0}} + \sqrt{h_2 + \frac{h_2^2}{2r_0}} \right\}$$

h_1^2、h_2^2 は、$2r_0$ に比べて非常に小さいから、

$$d \fallingdotseq \sqrt{2r_0}\left(\sqrt{h_1} + \sqrt{h_2}\right) \qquad\qquad \cdots(13\cdot15)$$

一方、$r_0 \fallingdotseq 6370$〔km〕であるから、

$$d \fallingdotseq \sqrt{2 \times 6370 \times 10^3}\left(\sqrt{h_1} + \sqrt{h_2}\right) \fallingdotseq \sqrt{12.74}\left(\sqrt{h_1} + \sqrt{h_2}\right) \times 10^3 \text{〔m〕}$$

$$\fallingdotseq 3.57\left(\sqrt{h_1} + \sqrt{h_2}\right) \text{〔km〕}$$

　次に、標準大気における電波の屈折を考慮したときは、上の計算における地球の半径 r_0 の代わりに、実効等価半径 Kr_0 を用い、かつ、$K = \frac{4}{3}$ とすれば、式 (13・15) は、次のようになる。これを電波の見通し距離という。

$$d = \sqrt{2Kr_0}\left(\sqrt{h_1} + \sqrt{h_2}\right) = \sqrt{2 \times \frac{4}{3} r_0}\left(\sqrt{h_1} + \sqrt{h_2}\right)$$

$$= \sqrt{\frac{8}{3} r_0}\left(\sqrt{h_1} + \sqrt{h_2}\right) \fallingdotseq \sqrt{16.98}\left(\sqrt{h_1} + \sqrt{h_2}\right) \times 10^3 \text{〔m〕}$$

$$\fallingdotseq 4.12\left(\sqrt{h_1} + \sqrt{h_2}\right) \text{〔km〕} \qquad\qquad \cdots(13\cdot16)$$

　なお、電波の見通し距離は、次のように計算によって求めることができる。A局のアンテナの高さを $h_a = 100$〔m〕、B局のアンテナの高さを $h_b = 25$〔m〕とすると、電波の見通し距離 d〔km〕は、次式により求められる。

$$d = 4.12 \times (\sqrt{h_a} + \sqrt{h_b})$$
$$= 4.12 \times (\sqrt{100} + \sqrt{25}) = 61.8 〔km〕$$

したがって、この条件によるサービスカバレージは、62〔km〕程度となる。

13.2.6　見通し外伝搬

(1)　スポラジックE層（Es層）による伝搬

　E層とほぼ同じ高さの地上から約 100〔km〕のところに突然電子密度の大きい層のスポラジックE層が出現すると、通常E層で突き抜けるVHF帯の電波がこの層で反射され、地上に戻ってくるため、見通しをはるかに超えた遠方まで伝搬する。

　これによって、遠距離通信ができるが混信妨害を発生させる原因にもなる。中緯度地域では夏季の昼間に発生することが多いが、原因は不明である。電子密度はF層より大きくなることがあるが、不規則である。

(2)　電離層散乱による伝搬

　通常 VHF 帯の電波は、E層やF層を突き抜け電離層では反射しない。しかし、送信電力が大きいと見通し外で微弱な電波が受信されることがある。

　電離層は平らなものではなく、凹凸があると考えられる。このため、電離層に入射した電波は、その下部において散乱して下方に伝搬することがある。その結果、散乱した一部の電波は、見通し外に伝搬する。

(3)　対流圏スキャッタ伝搬（Troposphere Scatter Propagation）

　対流圏は、高度約 10〔km〕までの大気圏の下部であるが、対流圏の大気は均一でなく、常に乱流が存在するので、気温や湿度は、乱流によって変動している。したがって、VHF からマイクロ波までの電波が対流圏を

通過すると、この大気の乱れによってエネルギーの一部が散乱する。

このように、高度数千〔m〕の対流圏で散乱した電波は、第13.13図のように、見通し外の地点まで伝搬する。これを対流圏散乱伝搬と呼んでいる。

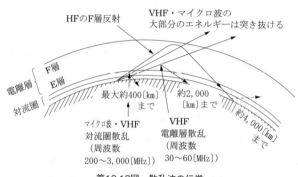

第13.13図　散乱波の伝搬

このように対流圏で散乱するのは、送信された電力のうちの一部分であるから、受信地点では、極めて微弱な電界を受信することになるが、HF通信のように、デリンジャ現象で全く通信不能になったり、また、夜間と昼間で周波数を切り換えるという必要はなく、比較的安定である。

また、対流圏は、高さが 10〔km〕までであるので、地球の湾曲を考えると、対流圏散乱伝搬で利用できる距離は約 600〔km〕以下で、適当な周波数は、約200～3,000〔MHz〕である。自由空間伝搬に比べて散乱波の伝搬損失は非常に大きいから、送信電力及び送受信アンテナの利得の大きいものでなくてはならない。

(4) ラジオダクトによる伝搬

　(a)　概要

大気は、常に標準状態にあるわけではなく、ときには、気温や湿度が急激に低下する場合もある。例えば、寒冷な海上に温暖な空気が流入してきたような場合には、標準状態とは異なった現象を生じる。すなわち、このようなときには、大気の屈折率が急激に変化し、海面からすぐ上に屈折率

の低減が非常に急な大気の層ができる。このような層ができると、VHF
帯やマイクロ波は、この層内を通常とは異なった屈折をしながら遠方まで
伝搬する。この層をラジオダクトといい、このような現象をラジオダクト
による伝搬という。

　ダクト伝搬は、その生成の原因からいっても不安定な要素が多く、通信
には、異常な干渉やフェージングの原因となり、有害な場合が多い。

(b)　ダクトの形成

　大気中の屈折率の分布を大別すると、第13.14図に示すような6つの代
表的なM曲線が得られる。

　図(a)は、標準形といって、標準大気中における屈折率を示すものである。
大気が良く混合されている雨や風の日などは大体この形である。図(b)は、
転移形といって、ある高さまで M の値が変化せず、その上部が標準的な
傾斜となっている場合で、まさにダクトが生じようとする過渡的な状態で
ある。図(c)は、準標準形といって、地表からある高さまでは、標準大気の
ときよりも M の変化が大きいときである。この場合には、まだダクトは
生じない。

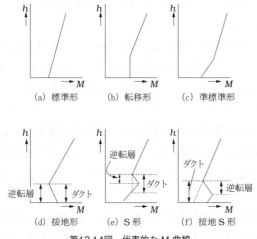

第13.14図　代表的な M 曲線

258

次に、図(d)は接地形、図(e)はS形、図(f)は接地S形といって、いずれもダクトができる状態である。ダクトは同図に示すように、M曲線が負の傾斜になっている高さの区間、すなわち、逆転層の中に生じる。

(5) 回折波

(a) 平面大地上に山岳がある場合

VHF 帯又はマイクロ波は、見通し外では電界強度が急に弱くなるのが普通であるが、第13.15図のように、見通しを越えた両地点間に山岳があると、山頂が二次波源となって生じる回折現象のため、平面大地と考えた場合に比べて、かなり高い電界強度が得られる。これを山岳回折伝搬と呼んでいる。

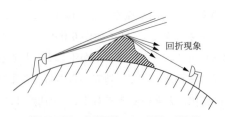

第13.15図　山岳回折による見通し外伝搬

また、平面大地上の伝搬損失と山岳回折伝搬損失との比を、山岳回折利得（mountain gain）という。

なお、この比較的高い電界は、山岳背後のある地域に限られるが、この点を考えれば、遠距離通信に有効であって、山岳は、富士山のように高い山が一つある場合が最も良く、山がたくさんあると、かえって多重回折となって損失が大きくなる。

また、マイクロ波が山岳の背後に伝わる回折の強さは、波長が長いほど大であり、回折によって障害物の背後に伝わった電界強度と、その障害物がないとしたとき、同じ点の電界強度との比を回折係数と呼んでいる。

(b) フレネルゾーン

伝搬通路と直交して水平に長く延びている山脈あるいは丘陵を考えた場合、この山脈又は丘陵を導電率無限大の刃型、すなわち、ナイフエッジと

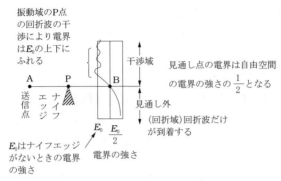

振動域のP点
の回折波の干
渉により電界
はE_0の上下に
ふれる

干渉域

見通し点の電界は自由空間
の電界の強さの$\frac{1}{2}$となる

A　　P　　　B
送　エ　　　見通し外
信　ッ　ジ　　ナ　　　イ　フ
点　　　　　　（回折域）回折だけ
　　　　　　　が到着する

E_0　$\frac{E_0}{2}$

E_0はナイフエッジ
がないときの電界
の強さ　　電界の強さ

第13.16図　ナイフエッジの影響

仮定する。いま、第13.16図に示すように、送信点Aに対して、受信点B
がナイフエッジPを隔てて位置するとき、B点の電界が垂直方向にどんな
変化をするか調べてみる。

　もし、ナイフエッジがないとすると、空間は自由空間となり、B点の電
界の強さは、AB の距離により決まる。これを E_0〔V/m〕とすれば、電
界の強さは図示のように分布する。

　見通し点より下方には、電波はエッジに遮られて達しない。ただ、エッ
ジすれすれに通る波は、エッジにより回折波が作られ、その一部が到達す
る。しかし、その電界は極めて弱い。

　この回折波の作る電界は、見通し点に近付くに従い大きくなり、ちょう
ど見通し点Bにきたとき $\frac{E_0}{2}$ となる。

　つまり、エッジをかすめて通る電波は、エッジで回折を起こし、エッジ
の先端を中心にして拡散するが、$\frac{1}{4}$ の電波のエネルギーに相当するもの
だけが、直進してBに達し $\frac{E_0}{2}$ なる電界を作るのである。

　また、見通し線の上方になると、次第にエッジの回折で失われる分量が
少なくなるので、電界は段々強くなり、自由空間における電界 E_0 に近付
く。

　しかし、エッジすれすれに通った電波の作る回折波も、到着するため、
干渉により電界は、E_0 を中心に波打ち、いわゆる振動域が作られ収れん

する。このようにして生じた振動域をフレネルゾーンと称しているが、振動の幅は小さいから、受信点を第1の振動が始まる点以上の所に選べば、エッジの影響を避けることができ、受信電界をほぼ自由空間における電界 E_0 にすることができる。

したがって、振動域は直接波と回折波の通路差 δ（デルタ：ギリシャ文字）が $\dfrac{\lambda}{2}$ に達したときから生じるので、エッジの影響を無視するためには、少なくとも δ が $\dfrac{\lambda}{2}$ よりも大きくなければならない（第13.17図参照）。

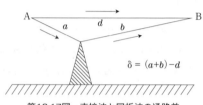

第13.17図　直接波と回折波の通路差

こうして、δ が $\dfrac{\lambda}{2}$ になるような軌跡を考えると、第13.18図のように、AB を焦点とする回転だ円体となり、その内側を第1フレネルゾーンといい、AB 間を自由空間とみなすためには、この中に障害物がないことを必要とする。障害物の最高点から見通し線までの距離を次の式の ρ（ロー：ギリシャ文字）以上にしなければならない。この障害物と見通し線との間隔をクリアランスといい、マイクロ波回線の設計に重要である。

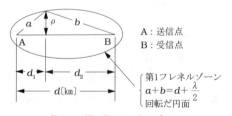

第13.18図　第1フレネルゾーン

そこで、実際に送受信点間の距離 d〔km〕と波長 λ〔mm〕が与えられたとき、第1フレネルゾーンを求めるには、同図で示したその半径 ρ の値を知ることができれば都合がよく、$\rho \ll d_1$、$\rho \ll d_2$ のとき近似的に、

$$\rho\,(\mathrm{m}) \fallingdotseq \sqrt{\lambda\,\frac{d_1 d_2}{d}} = \sqrt{\lambda\,\frac{d_1 d_2}{d_1 + d_2}} \qquad\qquad \cdots(13\cdot17)$$

で与えられる。

13.2.7　遅延波による影響

　第13.19図に示すように多重波伝搬（マルチパス）が発生すると最初に受信点に到達した電波に比べ、他のパスの電波は伝搬距離に応じて遅れて到達する。デジタル移動体無線通信に悪影響を与えるのは、複数の伝搬路を経由して受信地点に達する多数の遅延波の存在である。

　市街地などでは、地表面や周辺の建物による反射波や回折波が多く存在し、直接波のみで通信することは少ない。一般に、直接波とマルチパス波の合成波を受信することになる。

　マルチパスが存在する伝搬路の伝搬時間とレベルの関係を示す遅延プロファイルは、最初に伝搬遅延時間が最も短い直接波が大きなレベルで到来し、順次、遅延波が到来して第13.20図のような特性になることが多い。遅れて到達する信号は、先に到達している信号に重なり、波形ひずみなどを生じさせ、デジタル信号の符号間干渉を引き起こし、BER を劣化させることがある。

　なお、CDMA 方式の携帯電話では、マルチパスによる遅延波を RAKE 受信と呼ばれる手法により遅延時間を合わせて同位相で合成することで受信電力の増加と安定化を図っている。

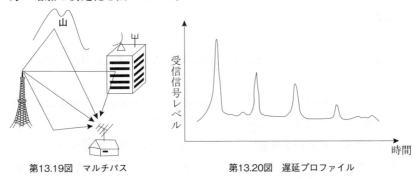

第13.19図　マルチパス　　　　　　　　第13.20図　遅延プロファイル

　地上デジタルテレビ放送、4G 携帯電話、WiMAX などで採用されている OFDM（Orthogonal Frequency Division Multiplexing：直交周波数分割多重）技術は、直交関係にある多数の搬送波（キャリア）を用いて各キャリアの実質的な変調速度を遅くすること及び各シンボル間にガードインターバル（緩衝時間帯）を設けることで遅延波の影響を抑えている。

13.2.8　フェージング

　マイクロ波におけるフェージングについて簡単に述べる。

(1)　シンチレーションフェージング

　これは、波長が数〔cm〕〜数十〔cm〕と短いため生じるマイクロ波特有のフェージングである。

　すなわち、数秒から数十秒の周期で受信電界が 2〜3〔dB〕の範囲で変動するようなフェージングで実害はほとんどなく、その発生は、風速に関係するところから、大気中に発生するうずによるものとされている。

　空気の塊がうずとなる際に、空気の誘電率が部分的に変化し、そのため、電波の一部が散乱し、直接波と干渉して生じるものである。

(2)　K形フェージング

　K の変化による大地反射波と直接波の干渉の状態、又は大地による回折の状態の変化によって生じるフェージングは、等価的に K の値が変動すると考えられるので、K形フェージングと呼んでおり、生成原因により、次の二つに分類できる。

(a)　干渉性K形フェージング

　受信アンテナの高さを変えると、直接波と大地による反射波のため、干渉じまができる。

　しかし、実際のアンテナは、1点に固定されているから、伝搬路の状態さえ変わらなければ、受信電界は一定のはずである。

　ところが、伝搬路を構成する大気は、常に一定の標準状態にはない。つまり、標準状態では、大気の誘電率 ε は上空にいくほど直線的に小となり、

その結果、伝搬通路は曲げられて、地球の半径 R_0 が KR_0 に増加したと同じ効果を与え、標準大気においては、$K = \dfrac{4}{3}$ になる。しかし、実際には、K の値は、気象条件によりかなり変化するので、実効的に反射面である大地が上下し、直接波と大地による反射波の通路差 δ が変わる。このため、波長が数〔cm〕程度であるマイクロ波の場合は、わずかな通路差の変動によっても影響を受け、フェージングを発生する。このようなフェージングを干渉性K形フェージングという。海上の場合、反射係数が大きいので、変動幅が大きくなる。

(b)　回折性K形フェージング

　伝搬回線が見通しぎりぎりかそれを越えるような場合には、電波通路が地面すれすれになるので、大気分布の変動により通路が大地面に近づくことにより大きな減衰（回折損）を生ずる。そのため減衰性のフェージングになる。周期は、極めて緩やか（2～4時間程度）である。伝搬通路となる対流圏の気象条件によって回折の状態が変化する。このようなフェージングを回折性K形フェージングという。

(3)　ダクト形フェージング

　ダクト形フェージングは、ダクトが発生または消滅したり変動することにより生じる。主として気象条件によるが、発生要因により次の二つに分類できる。

(a)　干渉性ダクト形フェージング

　干渉性ダクト形フェージングとは、第13.21図のように、直接波とダクトによって曲げられた電波が同時に受信点に到着するために、干渉を生じるフェージングである。

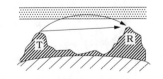

第13.21図　干渉性ダクト形フェージング

(b) 減衰性ダクト形フェージング

減衰性ダクト形フェージングとは、第13.22図のように、送受信アンテナの中間の高さにダクトが存在すると、直接波が減衰して生じるフェージングである。

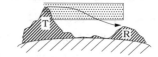

第13.22図　減衰性ダクト形フェージング

(4) フェージングの防止策

フェージングが生じると回線の *S/N* が変動し、最悪の場合には、通信が寸断され、重大な支障が生じることがあるので、変調方式や機器の面でも、いろいろと対策がなされているが、ここでは、電波伝搬上から干渉性K形フェージングの防止策について述べる。

(a) 地形などの選定

干渉性K形フェージングを小さくするには、反射点の反射係数をできるだけ小さく選ぶ必要がある。すなわち、反射面が海や平たんな平野の場合には、反射波は強くなり、直接波と干渉して深いフェージング、又は、エコーひずみの原因となり、通信の質を劣化させることが多いので、防止策としては、次のことが考えられる。

① 反射面が海上でなく陸上になるように、中継局を選べばよい。

② 地形を利用して、第13.23図のように、反射波を遮るようにすればよい。

③ 普通、伝搬通路が大地に対して水平より斜めの方が、フェージングが少ないので、斜めの回線を選べばよい。

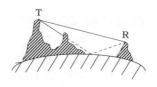

第13.23図　シールジングリッジによる反射波の軽減

(b)　ダイバーシティ法

ダイバーシティ法には、次の二つの方法がある。

① 空間ダイバーシティ（スペースダイバーシティ）

第13.24図のように、10波長程度で上下に離して2個の受信アンテナを設置すれば、一方に弱い電波がきた場合でも、他方には強い電波がくる可能性があるので、2台の受信機の検波出力などを合成すると、干渉性K形フェージングの影響を少なくできる。この方法を空間ダイバーシティ法といい、周波数ダイバーシティ法より効果が大であるので、広く用いられている。

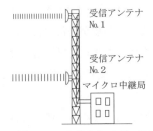

第13.24図　スペースダイバーシティ受信方式

② 周波数ダイバーシティ

これは、フェージングの変化が周波数によって異なることを利用して、異なる二つの周波数によって、ダイバーシティを行うもので、周波数の切り換え、又は出力の合成を行う。

13.2.9　マイクロ波帯の吸収

大気中における電波の減衰の原因は、主に水滴による吸収又は散乱と、気体分子の共振による吸収である。いずれも数cm以下の短い波長で問題となり、それより長い波長では、実用上無視しても差し支えない。

水滴による減衰は、

① 雲や霧のように極めて小さい水滴の場合

② 雨滴のように比較的大きな水滴の場合

に分けられる。①の場合の吸収は、波長の２乗に反比例し、単位体積中に含まれる全水滴の質量に比例する。②の場合は、電波が水滴によって散乱され、散乱された勢力の一部が受信点に達しないために減衰する。これによる減衰は、単位体積中の水の総量と水滴半径の３乗に比例し、波長の４乗に反比例する。10〔GHz〕を超えた周波数から減衰が大きくなり、約200〔GHz〕で最大となる。

13.3　衛星通信における電波伝搬

　衛星通信は、赤道上空 36,000〔km〕の静止軌道上の静止衛星を利用するものが多いが、静止衛星までの距離が非常に長く、伝搬損失が地上の通信と比較にならないほど大きな値になる。衛星通信には、電離層を突き抜ける際の減衰（第１種減衰）、雨による減衰（降雨減衰）、伝搬による損失（自由空間伝搬損失）などが少ない周波数帯が用いられる。

　一般に、使用する周波数が高くなるのに伴って自由空間伝搬損失値が大きくなる。更に、10〔GHz〕を超えると雨による減衰が増える。一方、1〔GHz〕より低い周波数帯の電波は、伝搬損失が少ないが電離層を通過する際に減衰する。また、各種の雑音が 1〔GHz〕以下の周波数帯に多く分布している。

　これらを総合すると、衛星通信に適した周波数帯は、第13.25図に示すように 1 〜10〔GHz〕となる。なお、この周波数帯は電波の窓と呼ばれている。

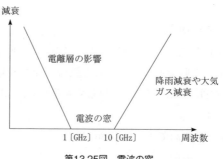

第13.25図　電波の窓

船舶や航空移動体通信で利用しているインマルサット衛星は、1.6/1.5〔GHz〕帯の電波を用いて船舶や航空機と通信を行っている。なお、フィーダー回線は 6/4〔GHz〕帯である。また、14/12〔GHz〕帯の電波を用いる商業衛星回線や VSAT は、自由空間伝搬損失が大きく、降雨減衰を伴うので、適切に回線設計を行うことで信頼性を確保している。

13.4　回線設計

一例として静止衛星からのダウンリンク回線の受信機の入力端における搬送波電力対雑音電力比 C/N を求める設計手順を述べる。なお、伝搬路は自由空間とし、送信及び受信装置での給電線の損失は無視できるものとする。

設計条件は次のとおりである。

① 周波数 $f = 12$〔GHz〕

② 伝搬距離 $d = 36{,}000$〔km〕

③ 送信電力 $P_t = 100$〔W〕$= 50$〔dBm〕

④ 送信アンテナ利得 $G_t = 37$〔dBi〕

⑤ 受信アンテナ利得 $G_r = 40$〔dBi〕

⑥ 受信機の入力換算雑音電力 $P_n = -100$〔dBm〕

等方性アンテナ（アイソトロピックアンテナ：isotropic antenna）を基準として、アンテナから放射される電力である等価等方輻射電力（EIRP：Equivalent Isotropic Radiation Power）は、給電線の損失を無視すると、送信電力 P_t〔dBm〕に送信アンテナの利得 G_t〔dBi〕を加え、次のように求められる。

$$\text{EIRP} = P_t + G_t = 50 + 37 = 87 \text{〔dBm〕}$$

次に、自由空間基本伝搬損失 L_0 は、電波の周波数を f〔MHz〕、伝搬距離を d〔km〕として、次の式により求める。

$$L_0 = 32.4 + 20 \log_{10} f \text{〔MHz〕} + 20 \log_{10} d \text{〔km〕}$$
$$= 32.4 + 20 \log_{10} 12 \times 10^3 + 20 \log_{10} 36{,}000 = 205.1 \text{〔dB〕}$$

そして、受信機入力電力 P_r〔dBm〕は、給電線の損失を無視すると次の式で求められる。

$$P_r = \text{EIRP} - L_0 + G_r = 87 - 205.1 + 40 = -78.1 \text{〔dBm〕}$$

よって、搬送波電力対雑音電力比 C/N は、P_r と P_n との差として求められる。この例の場合は、受信機の入力換算雑音電力 $P_n = -100$〔dBm〕であるので、C/N は次のように求められる。

$$C/N = P_r - P_n = -78.1 - (-100) = 21.9 \text{〔dB〕}$$

実際は、給電線の損失、降雨損失マージン、システムマージンなどの損失を考慮して総合的に求められる。

第14章　混信等

14.1　混信の種類

　無線通信では、他の無線局の発射する電波により通信が妨害されることがある。混信の主な原因として次のようなものが考えられる。
① 技術基準不適合

　　電波の質が技術基準を満たしていない電波は、不要な周波数成分を含むことが多いので、通信や放送の受信に障害を与える可能性がある。
② 不法無線局の運用

　　不法無線局は正規の無線装置を使用せず、周波数割り当てもなく不正に運用されるので、その運用によって混信や干渉が発生する可能性がある。
③ 受信周波数近傍の強力な信号

　　受信周波数近傍の強力な信号によって混信や干渉が起きることがある。
④ 電波の異常伝搬

　　スポラジックE層（Es 層）やラジオダクトが発生すると、電波が通常の到達範囲を超えて伝わるので、混信や干渉が起きることがある。
⑤ 受信機の性能不良

　　受信機の動作原理や非線形性などにより特定の周波数の信号によって混信や干渉が起きることがある。

14.2　一般的な対策

　混信や干渉障害は、発生原因や状況により異なるが次のような対策を講ずることで軽減できることが多い。しかし、完全に取り除くことは難しい。

メ　モ

① 受信機の入力段へのフィルタや同調回路の挿入
② 多信号特性（複数の信号に対する特性）や選択度特性の良い受信機の使用
③ 送信電力の最適値化（必要最低限とする）
④ 不必要な無線通信の抑制
⑤ 指向性アンテナの利用
⑥ アンテナの位置や無線局の設置場所の適正化

14.3 混変調と相互変調

14.3.1 混変調（Cross Modulation）による混信

　希望する電波を受信している時、変調された強力な電波（妨害波）が混入すると、受信機の非直線性のために、妨害波の変調信号によって希望波が変調を受ける現象を混変調という。

　混変調が最も発生しやすいのは、普通の受信機の場合、LNA や周波数混合器である。

　混変調は、大電力の送信所の近くに設置された受信機内で発生しやすい。

14.3.2 相互変調（Inter Modulation）による混信

　希望する電波を受信している時、二つ以上の強力な電波が混入し、受信機の非直線性によって受信機内で合成された周波数が受信周波数に合致したときに生じる混信を相互変調という。

　例えば、二つの妨害波が同時に周波数混合器のような非直線回路に入ると、相互変調によって周波数混合器の出力にはこれらの周波数あるいはその高調波どうしの和と差の周波数の混合波が無数に発生する。これらの周波数が受信周波数に合致したとき、混信妨害を受けることになる。

　相互変調は、等しい間隔で周波数が割り当てられた複数の無線局が近接して設置されているときに発生しやすい。

14.3.3　対策

① 受信機初段に選択度特性の優れた BPF を挿入し、非希望波を抑圧する。

② 特定の周波数による妨害には、受信機の入力回路に当該周波数のトラップ（特定の周波数の信号のみを減衰させるもの）を挿入する。

③ 直線性の良い素子や回路を用いる。

14.4　感度抑圧効果

感度抑圧効果は、受信機において近接周波数の強力な非希望波によって希望波の出力レベルが低下する現象である。これは強力な非希望波によって受信機の高周波増幅回路や周波数混合器が飽和し、増幅度が低下して生じるものである。LNA が非線形動作し、バイアス電圧を深くすることが原因の一つである。

受信機での感度抑圧対策として、次のような手法が用いられることが多い。

① LNA の利得は、S/N を確保できる範囲で必要最小の値とすること。

② 各段のレベル配分の適正化により飽和を防ぐこと。

③ 飽和に強い増幅回路や周波数混合器を用いること。

④ 高選択度特性の同調回路や BPF を受信機の入力端に挿入し、非希望波のレベルを抑圧すること。

14.5　影像周波数混信

スーパヘテロダイン方式の受信機（受信周波数を中間周波数（IF）に変換して増幅し復調する方式）において、その動作原理から避けられない現象として発生するのが影像周波数混信である。

すなわち、受信周波数±2×中間周波数（IF）を影像周波数と呼び、この影像周波数の信号は、周波数変換により目的の周波数の信号と同じように

272

中間周波数（IF）に変換されるので混信を起こすことになる。

　例えば、受信周波数を 100〔MHz〕、中間周波数を 10〔MHz〕、局部発振周波数を 90〔MHz〕とすると、影像周波数は 80〔MHz〕である。したがって、80〔MHz〕の信号が受信機に加わると混信を生ずる。

　受信機の影像周波数混信対策として、次のような手法が用いられることが多い。

① 入力回路などに急峻な同調回路を設けること。
② 中間周波数を高く選ぶこと。
③ 特定の周波数の場合には、入力回路にトラップを挿入すること。
④ 指向性アンテナの利用により、その影響を軽減すること。

14.6　スプリアス発射

14.6.1　概要

　無線通信装置のアンテナから発射される電波には、スプリアスと呼ばれる必要周波数帯域外の不要な成分が含まれている。スプリアスは、本来の情報伝送に影響を与えずに低減できる不要発射としている。

　主なスプリアスには次のようなものがある。

① 低　調　波……送信周波数の整数分の 1 の不要波
② 高　調　波……送信周波数の整数倍の不要波
③ 寄 生 発 射……低・高調波以外の不要波
④ 相互変調積……二つ以上の信号によって生成される不要な成分

　スプリアスの発射は、他の無線局が行っている通信に妨害を与える可能性があり、そのレベルは、少なくとも許容値内で、更に可能な限り小さな値にしなければならない。

14.6.2　原因と対策

　スプリアスの原因と対策は次のとおりである。

① 振幅ひずみ
- 原因：増幅器などの振幅ひずみ（出力信号の波形が入力信号の波形と異なる）による高調波の発生。
- 対策：直線性の良い増幅器やトランジスタなどを用い、更に各増幅回路の利得配分を適正化する。

② 周波数生成回路の不良
- 原因：周波数混合器や逓倍回路など周波数を生成する過程における不適切な周波数の組み合わせ、回路の調整不良、不要成分の抑圧不足。
- 対策：VCO、周波数混合器、逓倍回路、周波数シンセサイザなどを適切に配置し、シールドを厳重に行い、各回路を正しく動作させ、フィルタを正しく調整して不要波のレベルを抑える。

③ フィルタの特性不良
- 原因：不要波などを抑圧するために用いるフィルタの特性不良または調整不良。
- 対策：正しく設計されたフィルタを適切に配置し、正しく調整して不要波のレベルを抑える。

④ 発振器の不良
- 原因：水晶発振器や周波数シンセサイザの動作不良。
- 対策：発振回路、周波数混合器、増幅器などを適切に動作させ、不要波の発生を少なくし、更に適切なフィルタにより不要波の強さを抑える。

⑤ 電力増幅器の異常発振
- 原因：電力増幅に伴う異常発振。
- 対策：入力と出力が結合しないように遮蔽（シールド）を十分に行う。部品を適切に配置し結合を防ぐ。高周波的なアース（接地）を確実に行う。適切な高周波チョークやバイパスコンデンサを用いる。

⑥　アンテナと給電線の不整合
- 原因：不整合により送信機に戻った反射波によって送信機の電力増幅
　　　回路が不安定になることで起きる異常発振。
- 対策：アンテナと給電線の整合を適切に行う。

14.7　外部雑音による影響

14.7.1　概要

　一般に受信機は、各種の電気設備、機械器具から発生する外部雑音（以下「人工雑音」という。）の混信により妨害を受けることがある。

　雑音源としては、高周波ミシン、高周波加熱装置、送電線、自動車、発電機、インバータ、電気ドリル、電気医療器、蛍光灯、ネオンサインなど数多く存在する。

　これらの雑音は、直接空間に放射されたり、あるいは電源などの配線に沿って伝わったり、種々複雑な経路を経て受信機に妨害を与える。

　FM 受信機は、これらの雑音の影響を受けにくい性質をもっているが、受信する電波に比べ強力な雑音が加われば、かなり妨害を受ける。

　この雑音対策としては、原因を調べて、雑音が発生しないように処置することが望ましいが、実際には、外部からの雑音の発生源を究明することは困難である。

14.7.2　対策

　これらの雑音への対策として、次に述べる方法が用いられることが多い。
① 　送受信機のきょう体の接地を完全にすること。
② 　電源の配線に沿って伝導してくる雑音を防止するには、第14.1図に示すような C 又は L と C を組み合わせた**雑音防止器**（フィルタ）を電源回路に挿入する。
③ 　近くの送電線などによって雑音が発生しているような場合は、アンテ

ナを雑音源から遠ざけて雑音が入らない場所に移す。

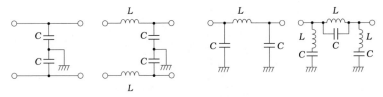

第14.1図　防止器の例

第15章　干渉

　他の無線局の正常な業務の運用を妨害する電波の発射、輻射又は誘導を混信という。

　マイクロ波回線は、混信のないような周波数や通信方式を選定して、ルートを決定のうえ置局されている。しかし、マイクロ波の中継局相互において混信が生じることがあり、これを干渉と呼んでいる。マイクロ波回線において干渉が生じると、干渉波は復調後に雑音電圧となり、符号誤りに影響を与えるので、干渉雑音とも呼ばれている。

　なお、干渉とは電波を発生する機器間で互いに影響を与える現象のことであり、同一の周波数帯を利用すると干渉が発生する確率が高くなる。無線LAN が電子レンジから受ける干渉はその一つの事例である。

15.1　地上系多重回線相互間の干渉

(1)　中継区間相互における干渉

　マイクロ波多重回線では、周波数を有効に利用するため、２周波中継方式を使用することが多い。したがって、一つの中継局でみると２方向（分岐するルートがあるときは３方向以上）に向けて同一周波数で送信し、ま

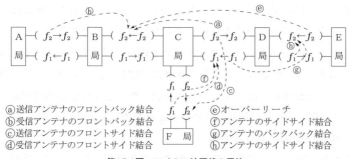

@送信アンテナのフロントバック結合　　ⓔオーバーリーチ
ⓑ受信アンテナのフロントバック結合　　ⓕアンテナのサイドサイド結合
ⓒ送信アンテナのフロントサイド結合　　ⓖアンテナのバックバック結合
ⓓ受信アンテナのフロントサイド結合　　ⓗアンテナのサイドサイド結合

第15.1図　マイクロ波回線の干渉

メ　モ

た、それぞれの方向から送信とは別の同一周波数を受信している。

　マイクロ波回線に用いられるアンテナは、非常に指向性の鋭いものであるが、サイドローブにより第15.1図に示すような干渉が発生する。

　同一周波数による干渉は、ⓐ～ⓔ、異なる周波数による干渉は、ⓕ～ⓗである。

　これらの干渉は、アンテナ相互間の結合に基づくもので、干渉を軽減するためにはサイドローブの少ないアンテナを用いることが必要である。また異なる周波数の干渉は送受信機のフィルタである程度軽減できる。

　ⓑに示すフロントバック干渉では、干渉波が希望波と異なる伝搬路で到達するため、希望波がフェージング等により弱くなったり、逆に干渉波が一定の条件より強くなるような場合があるので、アンテナのフロントバック結合量を決めるときにはこの点も配慮しなければならない。干渉波の扱いで注意を要するのは、希望波と干渉波のフェージングは無関係である。即ち、フェージングによって希望波が減衰しても、干渉波が同時に減衰するとは限らない。こういう場合、搬送波対干渉波比が大幅に劣化する。

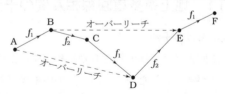

第15.2図　オーバーリーチ

　また、ⓔに示すオーバーリーチ干渉も、普通は3局先の中継局は見通しがきかず遮へいも十分であるが、ダクトが発生したときなど干渉波が急に強くなることがある。オーバーリーチ干渉を避ける方法としては、第15.2図に示すように中継ルートをジグザグに設定して、アンテナの指向性を利用することが多い。即ち主ビームが対向しないようにする必要がある。また、AD間、BE間が見通し外になるような地点を選ぶ。

(2)　1中継区間内における干渉

　1中継区間においては、複数の周波数を並列に送受信しているが、これ

らの周波数が近接しているため第15.3図に示すような隣接周波数干渉及び
次隣接周波数干渉が生じる。

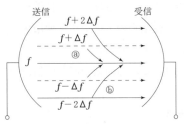

第15.3図　偏波による干渉

　これらの干渉を軽減するため、隣接する周波数では普通互いに直交する
偏波（垂直偏波及び水平偏波、左旋円偏波及び右旋円偏波、左旋楕円偏波
及び右旋楕円偏波）を使用しているが、周波数が近接していると干渉が起
きる。図ⓐは異なる偏波を使用した周波数間の干渉、ⓑは同一偏波を使用
した周波数間の干渉である。

　隣接周波数干渉の程度は、１中継区間におけるアンテナ系の交差偏波識
別度により決まり、また、次隣接周波数干渉の程度は、フィルタによる干
渉の抑圧度により決まる。

交差偏波識別度

　周波数を有効に利用するために、一つの周波数を垂直偏波と水平偏波、
右旋円偏波と左旋円偏波、右旋楕円偏波と左旋楕円偏波のように異なる二
つの偏波により用いる場合もある。交差偏波識別度又は XPD はそれぞれ
の電界成分の比で表す。したがって、XPD＝垂直偏波電界成分／水平偏
波電界成分＝右旋円偏波電界成分／左旋円偏波電界成分＝右旋楕円偏波電
界成分／左旋楕円偏波電界成分となる。

　この値が大きいほどよい。この値が小さくなると、互いに干渉を起こす。
特に、降雨の中に電波が放射されたとき、落下中の雨滴が扁平になり、例
えば垂直偏波の電界成分が入り込み XPD を劣化させる。

(3) 送受間干渉

　送受間干渉とは、同一局内における送信波と受信波の干渉のことで、アンテナを送受信共用しているときは、送受信波を分離するサーキュレータの結合により生じ、送受信別のアンテナを使用するときは、アンテナ間のサイドサイド結合によって生じる。

　送受間干渉の程度は、これらの結合度と受信機のフィルタの抑圧度により決まる。

(4) 近傍反射による干渉

　近傍の建造物等からの反射による干渉は、第15.4図に示すような場合が考えられる。

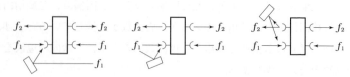

第15.4図　近傍反射による干渉

(5) レーダーによる干渉

　レーダーは一般に送信電力は大きく、全方向又は一定の角度の範囲に放射されているため、その方向とアンテナが正対した場合には干渉が生じる。また、同じ周波数のレーダーを2台装備している場合、同時に使用すると（例えば1台は遠距離レンヂ、1台は近距離レンヂ）互いに干渉しあう。ただし、最近の小形レーダーでは近距離レンヂと遠距離レンヂを同時に表示可能な機器もある。

(6) 他ルート回線による干渉

　他ルート回線による干渉は、置局段階で生じないよう設計されているが、ダクトの発生等により干渉が生じることがある。

15.2　地上系多重回線と人工衛星局間の干渉

地上系マイクロ波方式と衛星通信方式とは周波数を共用しているため、第15.5図に示すような干渉経路が考えられる。

地上系から衛星系への干渉
① 地上局送信機から衛星局受信機への干渉
② 地上局送信機から地球局受信機への干渉
衛星系から地上系への干渉
③ 衛星局送信機から地上局受信機への干渉
④ 地球局送信機から地上局受信機への干渉

一般に地球局の送信電力は大きいので、他の局へ干渉を与えることが多い。また、受信電力は極めて小さいので、他の局からの干渉を受けやすい。更に衛星局のアンテナと地上局のアンテナが正対した場合には、両局の間にも干渉が生じる。

これらの干渉を避けるため、衛星局、地球局、地上局（マイクロ波固定局）のそれぞれに対して、電波法施行規則に送信電力等の制限が規定されている。

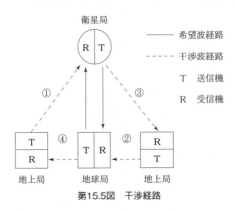

第15.5図　干渉経路

第16章 電源

16.1 電源回路

16.1.1 概要

電源は大別すると、受電装置、発動発電機、整流装置、蓄電池、電源安定化装置に分類できる。

無線通信装置に用いられている電子部品は、直流（DC）で動作するものが大部分であり、動作に必要な電圧は、回路や部品の種類によって異なり、多種多様である。

通信装置の安定した動作を確保するためには、電源装置から供給する電圧や電流が安定で、かつ、安全でなければならない。

無線通信装置の電源は、電力会社の商用電源に依存しているが、停電、瞬断、電圧変動、周波数変動等があるので、無停電電源設備を備えている。

16.1.2 交流供給電源

ディーゼル機関と交流発電機とを直結したもので、その構成は第16.1図のとおりである。ディーゼル発電機は、始動から定格電圧を負荷に供給するまでに約40秒程度を要するが、正常運転に入れば燃料油を補給し、潤滑油と冷却水を正常に保つことによって、連続して長時間運転することができる。

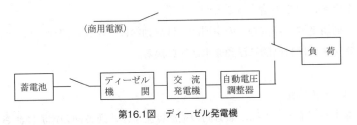

第16.1図 ディーゼル発電機

ディーゼル発電機の場合は、その始動が問題で、始動を円滑に行うために

メモ ─────────────────────────────

は、エンジン室の温度を+5〔℃〕以上に保持することが望ましい。運転は、すべて自動制御方式であり、始動の方法には、セルモータ始動とエキサイタ始動とがある。

セルモータ始動は、自動車のディーゼル機関の始動と同じで、機関のはずみ車に設けられた内かみ合いの歯車と、始動電動機（Self Starter）のピニオン（小歯車）とによる減速装置（減速比約 $\frac{1}{10}$ ）を通して始動される。始動電動機は、短時間定格の直巻電動機で、ピニオンは始動時以外は、かみ合いから離脱している。

エキサイタ始動は、交流発電機の励磁機をディーゼル発電機の始動時に、蓄電池を電源とする始動電動機として使用するもので、始動が終われば励磁機として動作する。

16.1.3　直流供給電源

直流電源装置は整流器と鉛蓄電池とで構成され、通常は商用電源を受電してこれを整流し、蓄電池を浮動充電しながら負荷に安定な直流電力を供給するものである。

装置の機能は、次のとおりである。

①　商用電源が停電した場合、代わりに発動発電機から交流電力が供給されるまでは、蓄電池から瞬断もなく安定な直流電力を供給することができる。

　発動発電機から交流電力が供給されると商用電源の場合と同様、安定な直流電力を供給することができる。

②　商用電源の停電からの復旧時には自動的に均等充電が行われ、充電が完了すれば自動的に浮動充電状態に戻る。

16.1.4　整流回路

半導体のダイオードは、順方向の電流は流すが、逆方向の電流は流さない整流作用をもっているので、ダイオードを用いて整流回路を構成することが

できる。

(1)　半波整流回路

　半波整流回路は、交流の半サイクルだけを利用するもので、第16.2図(a)にその回路を示す。

　この場合、整流回路に加えられる入力電圧と負荷の両端に現れる出力電圧の関係は図(b)のようになる。このままではリプル含有率が極めて大きいから、必ず平滑回路を用いてリプルをできるだけ取り除いて使用する。この整流回路は比較的低電圧で小電流の整流に適し、また、構造が簡単であることから受信機の電源として用いられる。

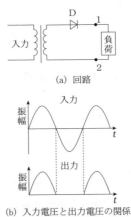

(a)　回路

(b)　入力電圧と出力電圧の関係

第16.2図　半波整流回路

(2)　全波整流回路

　全波整流回路は、交流の正負の両半サイクルを利用するもので、中央タップ式とブリッジ式とがある。

　中央タップ式は第16.3図(a)のように接続した回路で、変圧器の二次側のa点が正電位になる半サイクルでは D_1 が導通して実線矢印の向きに、また、b点が正電位となる半サイクルでは D_2 が導通して点線矢印の向きに電流が流れるので、負荷端子電圧は図(b)のようになる。

　ブリッジ式は、第16.4図のように4個のダイオードをブリッジ形に接続

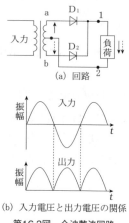

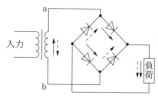

第16.4図　ブリッジ整流回路

(a) 回路

(b) 入力電圧と出力電圧の関係

第16.3図　全波整流回路

したもので、変圧器の二次側の a 点が正電位の場合には実線矢印の向き
に、b 点が正電位の場合には点線矢印の向きに電流が流れるので、第16.3
図(b)と同じような整流電圧が得られる。この場合には、変圧器の二次側の
中央タップは不要であり、二次側電圧は中央タップがある場合の半分とな
る。

　全波整流は、半波整流に比べるとダイオードが多くなるが、電圧や負荷
などが同じであれば、リプル含有率が低くなる。

16.1.5　平滑回路

　交流を整流しただけでは脈流であるから、更に交流分を除いて直流にしな
ければならない。このための回路を平滑回路といい、コンデンサ入力形と
チョーク入力形とがある。

　第16.5図(a)はコンデンサ入力形の場合であり、平滑用コンデンサ C_1、C_2
は直流に対しては無限大の抵抗を示すが、交流に対しては低インピーダンス
となり、低周波チョークコイル L は直流を容易に通し、交流には大きなイ
ンピーダンスを示す。したがって、負荷に流れる電流は図(c)のようにほぼ直

流に近くなる。コンデンサ入力形は、電源投入時にコンデンサへの充電電流のために大電流が流れるので、受信機のような小負荷用電源に用いられる。

　また、第16.5図(b)のチョーク入力形は、大負荷用電源に用いられることが多い。

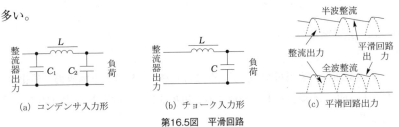

（a）コンデンサ入力形　　　　（b）チョーク入力形　　　（c）平滑回路出力

第16.5図　平滑回路

16.2　電池

16.2.1　概要と種類

　乾電池のように電気的エネルギーを使い終わると充電できない電池を一次電池という。一方、充電すると繰り返し使用できるものを二次電池という。二次電池は蓄電池（バッテリ）とも呼ばれている。

　一般に、電池は金属と電解液との間で起きる化学変化を利用して電気エネルギーを得るもので、多くの種類があり用途により使い分けられている。

第16.1表　電池の種類

化学電池	一次電池	マンガン電池 アルカリマンガン電池	乾電池
		リチウム電池	
		アルカリボタン電池 酸化銀電池 空気（亜鉛）電池	ボタン電池
	二次電池	ニッケルカドミウム電池 ニッケル水素電池 リチウムイオン電池 小型鉛電池	小形二次電池
		鉛蓄電池	
	燃料電池		
物理電池	太陽電池		

　小型で高性能のリチウムイオン電池やニッケル水素電池が新しく開発されたので、ニッケルカドミウム電池(ニッカド)は、使用されることが少なくなっている。

16.2.2　鉛蓄電池

(1)　概要

　鉛蓄電池は、第16.6図に示すように希硫酸の電解液、正極板の二酸化鉛、負極板の鉛、隔離板などで構成され、電極間に発生する起電力は約 2〔V〕である。

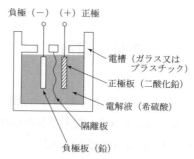

負極（－）（＋）正極

電槽（ガラス又は
　　プラスチック）

正極板（二酸化鉛）

電解液（希硫酸）

隔離板

負極板（鉛）

第16.6図　鉛蓄電池の構造概念図

　このユニットを 6 個直列に接続して 12〔V〕としたものが多く使用されている。なお、無線局では取り扱いが簡単で電解液の補給が不要であるシール鉛蓄電池（メンテナンスフリー電池）を備えることが多い。

(2)　取扱方法と充放電

　鉛蓄電池を取り扱う際の注意事項は次のとおりである。

①　使用後は直ちに充電完了状態に回復させること。

②　全く使用しないときでも、月に 1 回程度は充電すること。

③　充電は規定電流で規定時間行うこと。

16.2.3　リチウムイオン電池

(1)　概要

　　リチウムイオン電池は小型で取り扱いが簡単なことから携帯型のトランシーバ、携帯電話、無線局の非常用電源、ノート型パソコンなどで広く用いられている。

　　リチウムイオン電池は、正極にコバルト酸リチウム、負極に黒鉛を用いている。電解液はリチウム塩を溶質とした溶液である。1ユニットの電圧は 3.7〔V〕でニッカドや鉛蓄電池より高い。更に、エネルギー密度が高い特徴をもっている。

(2)　取扱方法と充放電

　　リチウムイオン電池は金属に対する腐食性の強い電解液を用いており、発火、発熱、破裂の可能性があるので製造会社の取扱説明書に従って取扱う必要がある。主な注意点は次のとおりである。

①　電池をショート（短絡）させないこと。

②　火の中に入れないこと。

③　直接ハンダ付けをしないこと。

④　高温や多湿状態で使用しないこと。

⑤　逆接続しないこと。

⑥　充電は規定電流で規定時間行うこと。

⑦　過充電、過放電をしないこと。

16.2.4　容量

　　一般に、電池の容量は、一定の電流値〔A〕で放電させたときに放電終止電圧になるまで放電できる電気量のことである。この一定の放電電流〔A〕と放電終止電圧になるまでの時間〔h〕の積をアンペア時容量と呼び時間率で示される。

　　例えば、完全に充電された状態の 100〔Ah〕の電池の場合、10時間率で示される電池から取り出せる容量の目安となる電流値は、およそ 10〔A〕

である。なお、時間率として、3時間率、5時間率、10時間率、20時間率などが用いられている。

同じ容量の電池であっても大電流で放電すると取り出し得る容量は小さくなる。

16.2.5　電池の接続方法

電池の接続方法には第16.7図に示すような直列接続と第16.8図に示すような並列接続がある。

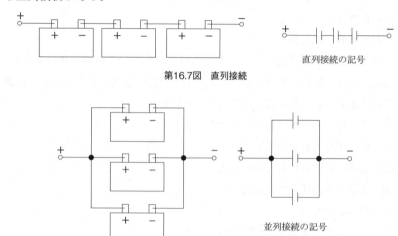

第16.7図　直列接続

第16.8図　並列接続

(1)　直列接続

直列接続した場合の合成電圧は、各電池電圧の和となる。しかし、合成容量は1個の場合と同じである。例えば、1個 12〔V〕、10〔Ah〕の電池を3個直列に接続すると、次のようになる。

　　合成電圧＝12＋12＋12＝36〔V〕

　　合成容量＝10〔Ah〕

直列接続は高い電圧が必要なときに用いられるが、規格が違う電池や同じ規格の電池であっても充電の状態や経年劣化の状態が異なる電池を直列

接続することは、避けるべきである。

⑵　並列接続

　並列接続した場合の合成電圧は、1個の場合と同じである。しかし、合成容量は各電池容量の和となる。例えば、 1 個 12 〔V〕、10 〔Ah〕の電池を 3 個並列に接続すると、

　　　合成電圧＝12〔V〕

　　　合成容量＝10＋10＋10＝30〔Ah〕

となり、大電流が必要な場合や長時間使用する場合に用いられる。ただし、注意点として、電圧の異なる電池を並列接続してはならない。また、同じ規格の電池であっても、充電の状態や経年劣化の状態が異なる電池を並列接続することは好ましくない。

16.3　浮動充電方式

　浮動充電方式は、第16.9図に示すように直流を無線通信装置などに供給しながら同時に少電流で蓄電池を充電し、停電時には電池から必要な電力を供給するものである。更にこの方式は、負荷電流が一時的に大きくなったときに、直流電源と電池の両方で負担されるので負荷の変動に強い電源である。

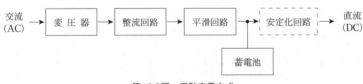

第16.9図　浮動充電方式

16.4　定電圧定周波数（無停電）電源

　この方式は、別名 CVCF（Constant Voltage Constant Frequency）といい、電圧及び周波数が変動する受電電力を安定した電圧と周波数の交流に変換す

る装置をいう。

　CVCF の基本構成は、第16.10図(a)のように整流とインバータで構成されているが、多くの場合、同図(b)のように直流回路に蓄電池を付加して無停電電源としての機能をもたせている。

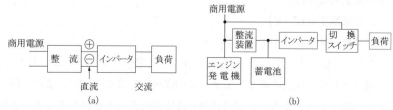

第16.10図　CVCF の基本構成

　無停電電源の構成は、信頼性を高めるため、複数の CVCF を並列運転し、故障インバータを瞬時に切り離すための遮断器を接続する方法（第16.11図(a)）と、CVCF に並列に変圧器又は電動発電機を接続し、入力側と負荷側の交流系統を連係する方法（第16.11図(b)）とがあり、CVCF の並列数は、3〜4がよいとされている。

　複数の負荷があるときは、負荷側の事故に対処するためそれぞれ高速遮断器を接続する。

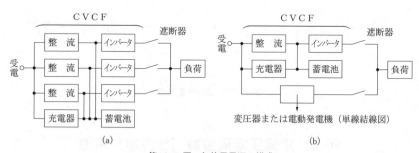

第16.11図　無停電電源の構成

第17章　測定

17.1　概要

　電波法で定める電波の質、国際的に決められた標準規格、無線機器の製造会社による技術基準などを満たさない品質の悪い電波の発射は、了解度が悪く相手の無線局が迷惑を受け、混信や干渉などを生じさせ、無線局の正常な運用や放送の受信に悪影響を与える可能性がある。このため、無線設備の特性などは、定期的に測定器などを用いて定量的に測定する必要がある。この測定には、トレーサビリティが確保され、かつ、適正に較正されてその精度が保証された適切な測定器を用いなければならない。測定器には使用可能な電圧、電流、周波数などに範囲がある。更に、測定器を接続することで、被測定回路や装置が影響を受けない方法で測定しなければならない。

　誤った測定法は、誤差を生むだけでなく無線通信装置や測定器を壊す可能性がある。また、測定者にも危険であるので、測定器の正しい使用法を習得することが求められる。

　定期的な保守点検業務における測定は、無線通信装置の取扱説明書（マニュアル）や無線局の整備基準書などに従って実施されることが多い。取扱説明書に記載されている項目の一例を紹介する。

① 　諸注意や危険性、安全措置の実施方法
② 　定期的に実施すべき測定項目
③ 　必要な測定器の種類と規格
④ 　測定方法
⑤ 　測定を行う時期
⑥ 　測定結果に対する許容範囲

　ここでは、VHF/UHF/SHF 帯で用いられることが多い測定器に関して述べる。

メモ ─────────────────────────────

17.2　指示計器

　指示計器は、電気的な量を力学的な量に変換することで、人間が電気的な量の大きさを知ることができるもので、電気的な量から力学的な量への変換には、磁界中の電流に働く力、電界中の電荷に働く力、ジュール熱による膨張などを利用しており、指示計器の目盛板には、第17.1表のような記号を用いて、形式、種類、用途などを表している。

第17.1表　指示計器の記号例

記号	用　途	記号	直流交流 等の区別	記号	動作原理	記号	使用 姿勢	指示計器の性能	
Ⓐ	電流計	==	直　　流		永久磁石 可動コイル形		水平	階級	許容差(%)
Ⓥ	電圧計	～	交　　流		可動鉄片形		鉛直	0.2	±0.2
Ⓦ	電力計	≃	直流・交流		電流力計形			0.5	±0.5
Ⓞ	抵抗計	∿∿∿	高　周　波		整　流　形	∠60°	60°	1.0	±1.0
〔例〕Ⓥ直流電圧計					熱　電　形			1.5	±1.5
								2.5	±2.5

許容差：フルスケールにおける百分率誤差の限界値

17.3　測定器の種類及び構造

17.3.1　概要

　無線局の保守点検は、性能や特性を定量的に測ることができる測定器を用いて行われる。ここでは、電圧や電流及び抵抗値などを測定できる多機能なデジタルマルチメータ、送信機の出力電力を測定するための高周波電力計、正確な周波数の信号を正確な信号レベルで提供する標準信号発生器について述べる。

17.3.2 デジタルマルチメータ

(1) 概要

　デジタルマルチメータは、極めて測定精度が良く、更に測定結果がデジタル表示されるため、測定者による読み取り誤差がなく、機能と範囲を選択することで直流電圧、直流電流、交流電圧、抵抗値、周波数（上限 1 ～ 2〔MHz〕程度）、コンデンサの容量などが測定できる多機能な測定器である。

(2) 構成

　デジタルマルチメータは、第17.1図に示す構成概念図のように入力変換部とデジタル直流電圧計などから構成されている。アナログ方式のテスタ（回路計）に比べ、電圧を測るときの入力インピーダンスが大きい。また、入力回路には保護回路が具備されている。

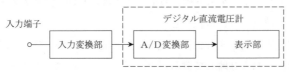

第17.1図　デジタルマルチメータの構成概念図

　携帯型デジタルマルチメータの一例を写真17.1に示す。

(3) 動作の概要

　電圧、電流、抵抗値などは、入力変換部においてその大きさに比例した直流電圧に変換され、デジタル直流電圧計に加えられる。デジタル直流電圧計では、入力された直流電圧を A/D 変換部でデジタル信号に変換し、表示部で測定値をデジタル表示する。一連の動作にはすべて電源が必要であることから、特に乾電池で動作している携帯型デジタルマルチメータでは、電池の消耗に注意が必要である。

(4) 取扱上の注意点

　デジタルマルチメータを取り扱う際に注意すべき主な点は、次のとおりである。

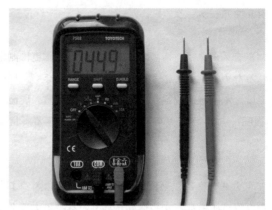

写真17.1　携帯型デジタルマルチメータの一例

① 適切な機能と測定範囲を正しく選択すること。

② テストリード（テスト棒）の正（プラス）と負（マイナスまたは共通）を正しく被測定物に接続すること。

③ 強電磁界を発生する装置の近傍では、指示値が不安定になることがあるので、それより離して測ること。

④ テストリード（テスト棒）を被測定回路に接続した状態で機能や測定範囲のスイッチを操作しないこと。

⑤ 使用後はスイッチを OFF にすること。

17.3.3　高周波電力計

⑴　終端型高周波電力計

⒜　概要

　送信機や送受信機などの高周波出力電力を測定するのに高周波電力計が用いられることが多い。高周波電力計には多くの種類があり、用途に応じて適切なものを使用しなければならない。ここでは、送信電力を送信機の出力インピーダンスと同じ値の抵抗で終端して消費させ、その抵抗の両端に発生する電圧から電力を求める終端型高周波電力計について述べる。

(b)　構成

　終端型高周波電力計は、第17.2図に示す構成概念図のように終端抵抗 R、
高周波用ダイオード D、コンデンサ C、直流電圧計などから成る。また、
終端型高周波電力計の一例を写真17.2に示す。

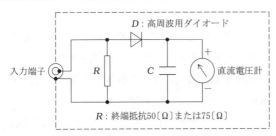

第17.2図　終端型高周波電力計の構成概念図

(c)　動作の概要

　入力端子に加えられた高周波信号は、電力計の適合インピーダンスと同
じ値の高周波特性の優れた無誘導抵抗の 50〔Ω〕または 75〔Ω〕で電力
消費される。その際、抵抗 R の両端には入力端子に加えられた高周波電
力に比例する高周波電圧が生じる。この高周波電圧を高周波用ダイオード
D とコンデンサ C で直流に変えて直流電圧計で測ることで高周波電力を
測定するものである。

(d)　取扱上の注意点

　終端型高周波電力計を取り扱う際に注
意する主な点は、次のとおりである。

①　送信機に適合するインピーダンス
　のものを用いること。

②　最大許容電力を超えないこと。

③　規格の周波数範囲内で用いるこ
　と。

写真17.2　終端型高周波電力計の一例

(2) ボロメータ電力計

(a) 概要

ボロメータは、電力を吸収して温度が上昇すると、その抵抗値が変化するものであって、主として実用されているものにサーミスタとバレッタがある。

サーミスタは、半導体であって、温度上昇とともに抵抗値は減少する。

バレッタに比べ電力感度が大きいが、周囲温度によって感度が変わりやすいので、温度補償又は温度に対する較正が必要である。また、バレッタは、金属の抵抗素子であって、一般に、1〜2ミクロンの細い白金線が用いられている。サーミスタと逆に、温度の上昇とともに抵抗値が増大する。

バレッタでもサーミスタでも、測定原理及び測定法は同様であるから、以下、サーミスタを使う場合の原理及び測定法について説明する。

第17.3図のように、ブリッジの一辺にサーミスタを挿入し、被測定マイクロ波電力を吸収させ、電力を吸収したときの温度上昇による負の抵抗の変化を、ブリッジによって測定するものである。

測定は、次のように行う。

まず、マイクロ波電力をサーミスタに供給しないで、スイッチSを閉じ、可変抵抗 VR を加減して、電流計 A_2 の振れをほぼ零にする。このときのサーミスタ抵抗を R_s とすると、

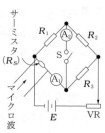

第17.3図　サーミスタブリッジ

$$R_s = \frac{R_1 R_3}{R_2} \qquad \cdots(17 \cdot 1)$$

で示される。

また、このときサーミスタに流れる電流 I_1 を電流計 A_1 で読めば、サーミスタで消費する電力 P_0 は、式 $(17 \cdot 1)$ を参照して、

$$P_0 = I_1^2 R_s = I_1^2 \left(\frac{R_1 R_3}{R_2} \right) \qquad \cdots(17 \cdot 2)$$

で表される。

次に、サーミスタにマイクロ波電力を加えると、サーミスタの抵抗は減少し、ブリッジの平衡はくずれる。マイクロ波電力と等量の直流電力を減少すれば、ブリッジは再び平衡する。

このとき、サーミスタに流れる電流 I_2 を A_1 で読めば、直流消費電力 P_d は、

$$P_d = I_2{}^2 R_s = I_2{}^2 \frac{R_1 R_3}{R_2}$$

マイクロ波電力を P_s とすれば、$P_0 = P_d + P_s$ であるから、次式で求められる。

$$P_s = P_0 - P_d = (I_1{}^2 - I_2{}^2) R_s = (I_1{}^2 - I_2{}^2) \frac{R_1 R_3}{R_2}$$

サーミスタ電力計は、10〔mW〕以下の小電力の測定に用いられ、加熱電力の変化に対して、極めて感度が良いが、周囲温度の変化によって誤差を生じる。また、導波管とサーミスタとを結合する場合、インピーダンスの不整合があると反射を起こし、測定電力に誤差を生じる。

なお、大きな電力は 1/1000 など減衰量が分かっている分波器や減衰器を利用して測定される。

(b) 取扱上の注意事項

ボロメータ電力計を取り扱う際に注意すべき事項は、次のとおりである。

① 最大許容電力を超える信号を加えないこと。

② 使用できる周波数範囲を確認すること。

③ 測定開始前に適切な予熱時間を与えること。

④ 測定精度が保証される環境温度内で用いること。

17.3.4 標準信号発生器

(1) 概要

標準信号発生器は、周波数が正確な信号を正確な信号レベルで提供する

もので、受信機の感度測定、送受信機の調整や故障修理、各種回路の調整などに用いられる測定器である。

(2) 構成

標準信号発生器は、第17.4図に示す構成概念図のように信号発生部、高周波増幅器、自動利得制御回路、可変減衰器、出力指示器などから成る。

標準信号発生器の一例を写真17.3に示す。

(3) 動作の概要

信号発生部は、周波数が正確な信号の発生及びAM/FMやデジタル変調を行う役割を担っており、周波数が正確かつ安定で、スプリアス成分の極めて小さい高周波信号が生成される。この信号は高周波増幅器で規格の電力値に増幅され、減衰量を可変できる精度の高い減衰器に加えられる。この減衰量を細かく変えることで、極めて正確な所望レベルの高周波信号として出力される。第17.4図中の自動利得制御回路は、高周波増幅器の出力

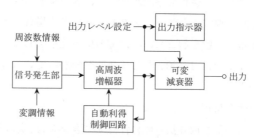

第17.4図　標準信号発生器の構成概念図

写真17.3　標準信号発生器の一例

レベルを広い周波数範囲で一定にする働きを担う。

(4)　必要な条件

標準信号発生器には一般に以下の条件が求められる。

① 出力信号の周波数が正確で、スプリアスが小さいこと。

② 出力の周波数特性が良く、出力レベルが正確で安定であること。

③ 出力インピーダンスが一定で既知であること。

(5)　取扱上の注意点

標準信号発生器を取り扱う際に注意する主な点は、次のとおりである。

① 被測定装置に適合する出力インピーダンスのものを用いること。

② 規格の周波数範囲内で使用すること。

③ 出力端子に送信機などから過大な高周波電力を加えないこと。

④ 適切なウォームアップ時間を与えること。

17.4　測定法

17.4.1　概要

無線局の保守点検における測定に際しては、精度が保証された測定器を正しく使用しなければならない。ここでは、電圧、電流、高周波電力、周波数、スプリアス、定在波比（SWR）の測定方法について簡単に述べる。

17.4.2　DC 電圧の測定

デジタルマルチメータを用いて DC（直流）電圧を測定する場合は、デジタルマルチメータの機能切換スイッチを DC 電圧にし、第17.5図に示すように被測定物に対して並列に接続する。 DC 電圧計として使用する場合は、プラスとマイナスの極性があるので極性を確認し、正しく接続しなければならない。

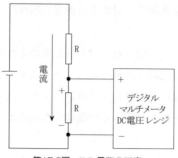

第17.5図　DC 電圧の測定

17.4.3　AC 電圧の測定

　デジタルマルチメータを用いて AC（交流）電圧を測定する場合は、デジタルマルチメータの機能切換スイッチを AC 電圧にし、第17.6図に示すように被測定物に対して並列に接続する。なお、AC 電圧の測定では、極性の確認は不要である。

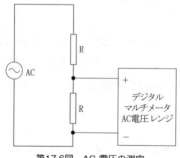

第17.6図　AC 電圧の測定

17.4.4　DC 電流の測定

　デジタルマルチメータを用いて DC 電流を測定する場合は、デジタルマルチメータの機能切換スイッチを DC 電流にし、第17.7図に示すように被測定回路に直列に接続する。プラスとマイナスの極性があるので極性を確認し、正しく接続しなければならない。

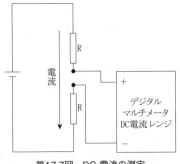

第17.7図　DC 電流の測定

17.4.5　AC 電流の測定

　デジタルマルチメータを用いて AC 電流を測定する場合は、デジタルマルチメータの機能切換スイッチを AC 電流にし、DC 電流の場合と同様に接続する。ただし、交流を計測する場合は、DC 電流の測定の場合と違いテストリードのプラス・マイナスの区別は無い。

17.4.6　高周波電力の測定

(1)　概要

　送信機や送受信機の送信電力は、第17.8図に示すように送信出力を終端型高周波電力計に接続して測定される。終端型高周波電力計による送信電力の測定では、アンテナから電波を放射せずに測定することができる。

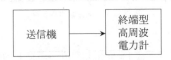

第17.8図　終端型高周波電力計による送信電力の測定

(2)　測定時の注意事項

　測定に際して注意すべき事項は、次のとおりである。

①　送信機の出力インピーダンスに適合する終端型高周波電力計を用いること。

② 最大許容入力電力を超える信号を加えないこと。

③ 終端型高周波電力計の周波数帯域は、被測定信号の周波数に適合すること。

④ 送信時間は必要最小限とすること。

17.4.7　周波数の測定

(1)　概要

送信機や送受信機の出力周波数は、第17.9図に示すようにダミーロード（擬似負荷）を兼ねる減衰器を介して接続された周波数カウンタで測定される。周波数カウンタは、一定時間内に被測定信号の波の数を計測し、周波数としてデジタル表示するものであり、その一例を写真17.4に、原理的構成例を第17.10図に示す。

第17.9図　周波数カウンタによる送信周波数の測定

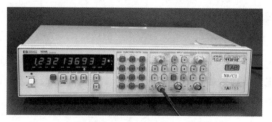

写真17.4　周波数カウンタ

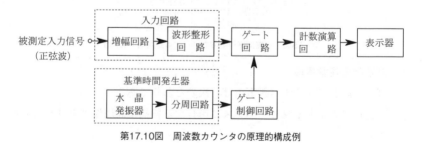

第17.10図　周波数カウンタの原理的構成例

(2)　測定時の注意事項

測定に際して注意すべき事項は、次のとおりである。

① 要求精度に合うタイムベースを備えるものを使用すること。

② 要求精度に合うゲートタイムにて測定すること。

③ 最大許容入力電力を超える信号を加えないこと。

④ 周波数カウンタの周波数帯域は、被測定信号に適合すること。

⑤ 測定開始前に適切な予熱時間を与えること。

17.4.8　スプリアスの測定

(1)　概要

送信機や送受信機の出力に含まれるスプリアス成分は、第17.11図に示すように送信機の出力をダミーロード（擬似負荷）を兼ねる減衰器を介して接続されたスペクトルアナライザで計測される。

第17.11図　スペクトルアナライザによるスプリアスの測定

スペクトルアナライザは、一種の受信機であり、受信周波数を変化させ、液晶などの画面の縦軸を信号の強さ、横軸を周波数として表示するものである。

第17.12図にスプリアス測定の結果の一例を示す。この例では、基本波の 120〔MHz〕の信号に対して、第 2 ～ 4 高調波と周波数シンセサイザによるスプリアスが計測されている。

スペクトルアナライザの使用に際しては、最大許容入力電力を超えないように注意し、周波数範囲と適切な分解能を選択することが大切である。

スペクトルアナライザの一例を写真17.5に、原理的構成例を第17.13図に示す。

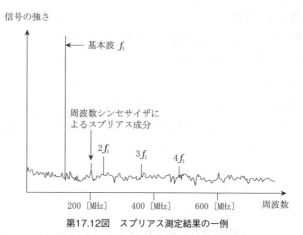

第17.12図　スプリアス測定結果の一例

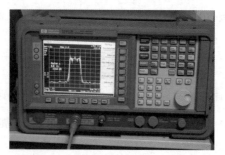

写真17.5　スペクトルアナライザの一例

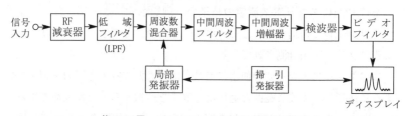

第17.13図　スペクトルアナライザの原理的構成例

(2)　測定時の注意事項

　　測定に際して注意すべき事項は、次のとおりである。

　① 　最大許容入力電力を超える信号を加えないこと。

② スペクトルアナライザの周波数帯域は、高次の高調波や離れた周波数のスプリアスを観測できること。

③ 周波数掃引幅と掃引時間及び分解能を適切に選ぶこと。

④ 基本波のレベルが高すぎる場合は、基本波除去（ノッチ）フィルタなどを用いて抑圧すること。

⑤ 送信時間は必要最小限とすること。

17.4.9 SWR の測定

(1) 給電線が同軸ケーブルの場合

(a) 概要

給電線が同軸ケーブルの場合のSWR（定在波比）は、第17.14図に示すように送信機の高周波出力端子と給電線の同軸ケーブルの間に写真17.6に示すような通過型高周波電力計を挿入して、進行波電力 P_f と反射波電力 P_r を測定することで計算により求められる。この方式は UHF 帯を上限周波数帯として用いられている。

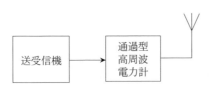

第17.14図 通過型高周波電力計の接続

写真17.6 通過型高周波電力計の一例

定在波比 S は次の計算式で求められる。

$$S=\frac{\sqrt{P_f}+\sqrt{P_r}}{\sqrt{P_f}-\sqrt{P_r}}=\frac{1+\sqrt{\dfrac{P_r}{P_f}}}{1-\sqrt{\dfrac{P_r}{P_f}}}$$

(b) 測定時の注意事項

測定に際して注意すべき事項は、次のとおりである。

① 同軸ケーブルの特性インピーダンスに合うものを用いること。

② 最大許容入力電力を超える信号を加えないこと。

③ 通過型高周波電力計の周波数帯域は、被測定信号に適合すること。

④ 送信時間は必要最小限とすること。

⑤ 他の通信に混信や干渉を与えないこと。

(2) **給電線が導波管の場合**

(a) 概要

給電線が導波管の場合の SWR は、第17.15図に示すような導波管用方向性結合器を送信機と導波管の間に挿入して、進行波電力 P_f と反射波電力 P_r を測定することで計算により求められる。

定在波比 S は次の計算式で求められる。

$$S = \frac{\sqrt{P_f} + \sqrt{P_r}}{\sqrt{P_f} - \sqrt{P_r}} = \frac{1 + \sqrt{\dfrac{P_r}{P_f}}}{1 - \sqrt{\dfrac{P_r}{P_f}}}$$

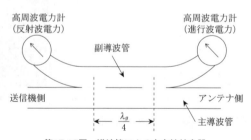

第17.15図　導波管による方向性結合器

(b) 測定時の注意事項

測定に際して注意すべき事項は、次のとおりである。

① 主導波管に適合する方向性結合器を用いること。

② 方向性結合器の周波数帯域は、被測定信号に適合すること。

③　最大許容入力電力を超える信号を加えないこと。

④　送信時間は必要最小限とすること。

⑤　他の通信に混信や干渉を与えないこと。

17.4.10　波形測定

(1)　**概要**

　信号などの波形を観測する場合は、写真17.7に示すようなオシロスコープが用いられることが多い。

　波形観測のためにオシロスコープを接続することによって、被測定回路が影響を受けないようにしなければならない。特に、測定点のインピーダ

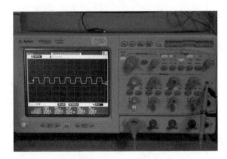

写真17.7　オシロスコープ

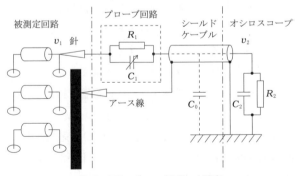

第17.16図　プローブを用いた設定

ンスが高くてオシロスコープの入力インピーダンスが低いときは影響を受けやすい。また、オシロスコープの入力静電容量によって、測定値が周波数特性を持つようになる。これらの影響を無くすため、第17.16図のようにプローブを介してオシロスコープの入力端子に加える方法が用いられる。

(2) 電圧プローブ

電圧プローブは、第17.16図に示すように高インピーダンスの R_1 と C_1 の並列回路を利用して入力インピーダンスを高め、加えて、C_1 を調整することで接続線のシールドケーブルの静電容量 C_0 とオシロスコープの入力静電容量 C_2 の影響を無くし、周波数特性の改善を図る役割を担っている。

実用的には C_1 を調整して

$$(C_0 + C_2)\, R_2 = C_1 R_1$$

を満たすことにより、オシロスコープの入力端の電圧 v_2 は、被測定電圧を v_1 とすると、次の式で与えられ、入力容量の影響を受けなくなる。

$$v_2 = \frac{R_2}{R_1 + R_2} v_1$$

オシロスコープは、入力インピーダンスが 1〔MΩ〕と 50〔Ω〕の 2 種類を備えるものが多い。一般的な測定には、被測定回路が影響を受け難い入力インピーダンスが 1〔MΩ〕の端子が用いられる。

プローブの抵抗 R_1 を 9〔MΩ〕にすると、オシロスコープへの入力電圧が 1/10 に低下する反面、プローブの入力端から見たインピーダンスが 10〔MΩ〕に上昇するので、被測定回路への影響を抑えることができる。

なお、減衰比が10：1のプローブが広く用いられているが、1：1も使用される。更に、広帯域の測定が可能な 50〔Ω〕系用として、プローブの抵抗 R_1 に高周波特性の優れた 450〔Ω〕を用いたものもあり、用途に合わせて適切なプローブが用いられる。

(3)　波形観測の例

　オシロスコープは横軸を時間として、縦軸に被測定信号の振幅値を画面上に表示する。一例として、両極性のパルス信号をオシロスコープで観測したものを第17.17図に示す。この信号はパルス幅が 2〔μs〕、振幅がP−P で 6〔V〕、パルス繰り返し周期が 4〔μs〕のパルスとして観測されている。

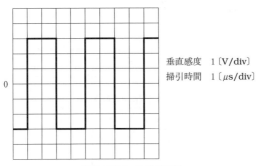

垂直感度　1〔V/div〕
掃引時間　1〔μs/div〕

第17.17図　波形測定例

(4)　測定時の注意事項

　オシロスコープの使用に際して注意すべき事項は、次のとおりである。
①　表示される波形の振幅は、最大値であること。
②　プローブを校正用の矩形波で適切に調整すること。
③　プローブの減衰値を確認し、観測値を正しく換算すること。
④　最大許容入力電力を超える信号を加えないこと。
⑤　規格の周波数範囲を超える信号を測定しないこと。
⑥　トリガ点の調整を正しく行うこと。
⑦　読み取り精度を良くするため観測波形を大きく表示させること。

17.4.11　占有周波数帯幅の測定

(1)　概要

　変調に伴って発射される電波の幅が広がるが、この電波の幅のことを電

波法の施行規則では占有周波数帯幅として、次のように定義している。

「占有周波数帯幅」とは、その上限の周波数を超えて輻射され、及びその下限の周波数未満において輻射される平均電力がそれぞれ与えられた発射によって輻射される全平均電力の0.5パーセントに等しい上限及び下限の周波数帯幅をいう。

すなわち、第17.18図に示すように輻射される電波の全電力の99パーセントが含まれる周波数の幅と定義されている。

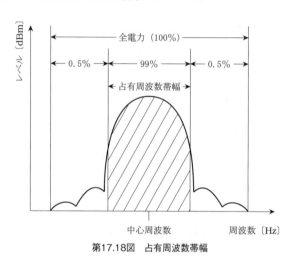

第17.18図　占有周波数帯幅

この占有周波数帯幅の測定は、第17.19図に示すように送信機の高周波出力を擬似負荷を兼ねる 30〔dB〕程度の減衰器を介して占有周波数帯幅測定機能を備えるスペクトルアナライザに接続して行われる。

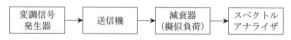

第17.19図　スペクトルアナライザによる占有周波数帯幅の測定

送信機を規定のレベルで変調し、規定の送信電力とする。そして、スペクトルアナライザの機能スイッチを占有周波数帯幅の測定に設定し、中心周波数を被測定信号の周波数に合わせ、予想される占有周波数帯幅の2倍

から3.5倍程度の値に掃引幅を設定して電力スペクトルを描かせ、測定結果を読み取る。

　一例として、スペクトルアナライザの占有周波数帯幅の測定画面を写真17.8に示す。

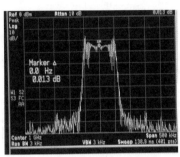

写真17.8　占有周波数帯幅の測定画面の一例

(2)　測定時の注意事項

　測定に際して注意すべき事項は、次のとおりである。

　①　最大許容入力電力を超える信号をスペクトルアナライザに加えないこと。

　②　スペクトルアナライザの周波数帯域は、被測定信号を適切に観測できること。

　③　周波数掃引幅と掃引時間及び分解能を適切に選ぶこと。

　④　送信時間は必要最小限とすること。

17.4.12　信号対雑音比（*S/N*）の測定

(1)　雑音負荷による測定

　多重方式では、伝送路の途中で非直線特性及び相互変調積等の原因によりひずみが発生すると、各チャネル相互間に漏話を起こし、実効的に回線の *S/N* を低下させる。

　この測定は、次のようにして行われる。

　第17.20図に示すように、広帯域雑音発生器 NG の出力端に高域、低域

314

フィルタを接続して、被測定伝送路（多重チャネル）全体を占有する伝送帯域に等しい帯域の雑音を取り出し、この雑音出力を、測定しようとする周波数付近の狭帯域部分だけ消去する帯域消去フィルタ（BEF：Band Elimination Filter）を通して被測定装置に加える。そして、被測定装置の出力側には、前記帯域消去フィルタの消去域を通過域とする帯域通過フィルタ（BPF：Band Pass Filter）をつなぎ、その雑音出力をレベルメータで測定すれば、そのチャネルにおける準漏話雑音（D）と熱雑音（N）との合成値（$D+N$）が得られる。

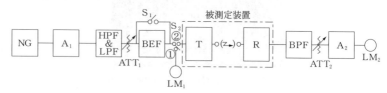

第17.20図　雑音負荷による準漏話雑音の測定系

　この場合、D のレベルが N に比べて十分大きければ、前記の指示値を準漏話雑音として扱っても差し支えないが、レベル差が少ない場合には、指示値から D を求めるため較正を行う必要がある。

　熱雑音 N だけを求めるには、上記の測定と同様にしておき、雑音発生器の出力を断にし、レベルメータの指示を読む。これと $D+N$ との差から D を求める。

(2)　チャネルの S/N の測定

　多重方式の場合におけるチャネルの S/N の測定は、原理的には、単一チャネルの場合と同様である。

　ただ、多重方式では、チャネル数が多いので、個々の各チャネル全部について S/N を測定するものでなく、準漏話雑音測定の場合と同様に、伝送帯域内を下部、中央部及び上部等に分け、それぞれ各バンドの中心周波数等について測定を行う。

　チャネルの S/N は、通常レベルの信号の入力を加えたときの受端出力と、その入力を切ったときの受端の雑音出力の比で表される。

17.4.13 BER の測定

(1) 概要

第17.21図は、デジタル回線のビット誤り率（BER）を測定するための遠隔測定系の構成である。

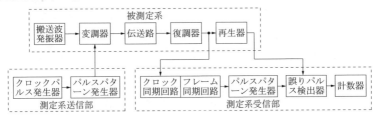

第17.21図　BER測定のための遠隔測定系の構成図

(A) 送信側

(a) 送信側においては、クロックパルス発生器からのパルスにより制御されたパルスパターン発生器の出力を、被測定系の変調器に加える。

(b) ビット誤り率の測定に用いるパルスパターンとしては、実際のPCM 信号に対する伝送路及び送受信装置の応答を近似するために、あらゆる周波数成分をもつランダムパターンが望ましいが、再現性が全くないため、遠端測定においては、再現性があり、かつ、パルスの生起がランダムに近い擬似ランダムパターンが用いられる。

(B) 受信側

(a) 受信側においては、誤りを含まない基準のパルス列を作成する必要がある。測定系受信部では、送信部とパルス速度を等しくするためクロック同期回路により受信パルス列から抽出したクロックパルスと送信部と同一のフレーム同期回路からの同期パルスでパルスパターン発生器を駆動する。

(b) 受信部のパルスパターン発生器出力と被測定系の再生器出力のパルス列とを、誤りパルス検出器に加える。誤りパルス検出器では二つのパルス列を比較し、各パルスの極性の一致・不一致を検出して計数器に送り、誤りパルス数を測定する。この場合、計数器の計数時間を適

　当な時間に設定すれば、ビット誤り率はその時間内におけるクロック
パルス数に対する誤りパルス数の比として求められる。

(2)　測定時の注意事項

　BER 測定に際して注意すべき事項は、次のとおりである。

①　要求される BER 値の桁に適合する機能を備えていること。

②　要求される BER 値の桁が有効となるビット数と測定時間にて測定
すること。

第18章　点検及び保守

18.1　概要

　無線局の設備は、電波法の技術基準などに合致し、不適切な電波の発射などにより無線通信に妨害を与えることがないよう適切に維持管理されなければならない。定例検査に加えて日常の状態を常に把握し、定常状態との違いなどから異常を察知することが求められる。

　無線局の保守管理業務で大切なことは、不具合の発生を予防し故障を未然に防ぐことである。具体的には、日、週、1か月、3か月、6か月、12か月点検など、決められた時期に決められた項目を確実かつ適切に実施することが大切である。

　保守点検業務は、トレーサビリティが確保され、かつ、適正に較正されてその精度が保証された適切な測定器を用いて実施しなければならない。保守用部品などは、装置の製造会社より納入された正規部品、または、同等品が証明された部品を使用する必要がある。更に、保守部品によっては、有効期限が設定されているので、有効性の確認が必要である。

　なお、マイクやヘッドセットなどの接続箇所は、接触不良になりやすいので状態を確認する必要がある。また、屋外に取り付けられているアンテナなどの外観チェックも定期的に実施する必要がある。不具合や異常が生じた場合は、その内容を業務日誌などに記録すると共に整備担当者や保守を担当する会社などに連絡し、修理を依頼する。そして、その整備内容や処理内容を業務日誌などに記入する。

メ モ

18.2 空中線系統の点検及び方法

風雨にさらされるアンテナや給電線は、経年劣化が顕著に出やすい部分である。給電部分の防水処理や同軸ケーブルの被覆の亀裂などを目視検査することも故障を予防する上で大切である。高い所に取り付けられているアンテナの目視検査には、双眼鏡などの使用も有効である。また、日常の運用状態を常に掴んでおくことも大切である。例えば、同軸コネクタの接続状態が悪い場合、受信雑音の増加や通信距離が短くなることなどで異常を察知できる。なお、この場合にSWRを測定すると異常値を示すことが多い。

アンテナや給電線の保守点検を実施する場合は、高所作業になるので墜落制止用器具やヘルメットの着用が必要であり、2名による作業が基本である。

アンテナ及び給電線の定期点検時に実施すべき事項の一例を次に示す。

① 給電線系の定在波比（SWR）
② アンテナの取り付け状態
③ 腐食の状態
④ 給電部の防水と同軸コネクタの接続状態
⑤ 同軸ケーブルの据付状態及び被覆の劣化状態

18.3 電源系統の点検及び方法

電源では安定化回路の電力用トランジスタの放熱処理が信頼性に影響を与えるので、冷却部の動作確認と防塵フィルタの洗浄を定期的に実施し、温度上昇を防ぐことが故障を予防する上で重要である。

機器が正常に動作している場合でもヒューズの劣化によってヒューズが切れることがある。この場合には、ヒューズを取り替えれば元に戻るが、取り替えるヒューズは、メーカの保守部品として納入された純正品、または、同等であることが確認されたものを使用しなければならない。特に、規格値の大きいヒューズを挿入した場合は、過電流が流れてもヒューズが飛ばない（切

れない）ので部品などが加熱され、発火する恐れがあり非常に危険である。

　電源の定期点検を実施する時に確認すべき事項の一例を次に示す。

① 　出力電圧
② 　非常電源（バッテリ）の機能
③ 　バッテリの有効期限
④ 　冷却用ファンの機能
⑤ 　冷却ファン用フィルタの洗浄

18.4　送受信機系統の点検及び方法

　無線通信装置において中心的な役割を担う送受信機は、電波の質に影響を与える重要な機能を備えているので、適切に維持管理される必要がある。電波の質が電波法で定めるものに合致しない電波の発射は、他の無線通信に妨害を与える可能性がある。社会的に重要な無線局などの設備は、電波法に基づき定期検査が行われることになっている。

　発射する電波の質を適切に維持管理することは当然として、故障や不具合の発生を防ぐことが重要である。例えば、各装置に取り付けられている冷却用ファンの動作確認と防塵フィルタの洗浄を定期的に実施し、装置の温度上昇を防ぐことは、故障率を下げるのに有効である。特に、送信機の電力増幅回路や電源装置に取り付けられている冷却用ファンや放熱器の機能は、装置の信頼性に大きく影響するので整備マニュアルに従って保守点検を行う必要がある。

　更に、経年劣化を伴う部品や機械的な可動部分を持つ部品などが使用時間による交換部品に指定されている場合は、異常がなくても、規定時間で交換しなければならない。

　送受信装置の保守点検や電波法による定期検査では、次のような事項が検査されることが多い。

① 送信周波数

② 送信電力（空中線電力）

③ 占有周波数帯幅

④ スプリアス発射の強度

⑤ 受信機の感度

平成24年1月20日　　初版第1刷発行
令和6年7月11日　　6版第1刷発行

第一級陸上特殊無線技士

無　　線　　工　　学

（電略　コオ1）

編集・発行　一般財団法人 情報通信振興会
　　　　　　郵便番号 170-8480
　　　　　　東京都豊島区駒込2-3-10
　　　　　　販売 電話 03（3940）3951
　　　　　　編集 電話 03（3940）8900
　　　　　　URL　https://www.dsk.or.jp/
　　　　　　振替口座　00100-9-19918
　　　　　　印刷所　船舶印刷株式会社
ISBN978-4-8076-1000-6 C3055 ￥2100E